国家自然科学基金(42207251)资助
中国矿业大学第十二批校级优秀青年骨干教师培养项目资助
中国矿业大学第十四批“启航计划”培养项目资助

有机磷系阻燃剂在珠江三角洲几类典型动物中的富集与传递

刘银娥 著

中国矿业大学出版社
·徐州·

内容提要

本书聚焦于有机磷系阻燃剂(PFRs)这一环境污染物,系统梳理了PFRs的生产应用、理化性质,以及生物样品中PFRs的分析方法、生物富集、代谢转化和食物链传递等关键环节。重点阐述了PFRs的生物毒性及人体暴露风险,并针对不同类型样品,构建了在高脂肪大、小样本量中对PFRs及其代谢产物的精准分析方法。以珠江三角洲为例,深入剖析了PFRs在淡水鱼中的富集特征、区域分布,以及当地居民的饮食暴露风险。更进一步探讨了PFRs在水生动物、两栖蛙类和昆虫中的差异性富集、生物放大和食物链传递机制。此外,本书还揭示了PFRs在卵胎生生物(如中国水蛇)和两栖蛙类中的子代传递及其作用机理。本书适合高等院校环境科学、环境工程等专业人员阅读,也可作为环境生物学、污染物环境监测、化学品控制与管理的研究人员和技术人员的参考书。

图书在版编目(CIP)数据

有机磷系阻燃剂在珠江三角洲几类典型动物中的富集与传递 / 刘银娥著. — 徐州 : 中国矿业大学出版社, 2025. 4. — ISBN 978-7-5646-6809-9

Ⅰ. TQ569;Q146

中国国家版本馆CIP数据核字第2025P6262P号

书　　名　有机磷系阻燃剂在珠江三角洲几类典型动物中的富集与传递
著　　者　刘银娥
责任编辑　褚建萍
出版发行　中国矿业大学出版社有限责任公司
（江苏省徐州市解放南路　邮编 221008）
营销热线　(0516)83885370　83884103
出版服务　(0516)83995789　83884920
网　　址　http://www.cumtp.com　**E-mail**:cumtpvip@cumtp.com
印　　刷　苏州市古得堡数码印刷有限公司
开　　本　787 mm×1092 mm　1/16　**印张** 10.5　**字数** 206 千字
版次印次　2025年4月第1版　2025年4月第1次印刷
定　　价　47.00元

前 言

有机磷系阻燃剂(organophosphorus flame retardants,PFRs)具有良好的阻燃效果,同时兼具增塑剂和消泡剂等功能,广泛应用于电子、建材、纺织和化工等行业。PFRs是一类新兴的有机污染物,具有一定的生物累积性和生物毒性。生物富集和子代传递对评估污染物的生态风险和健康风险具有重要意义。目前,关于PFRs在动物中的研究多集中于水生动物,而陆生和两栖类动物的研究较少。有关PFRs的生物放大、子代传递及生物代谢的报道更为稀少。

针对高脂肪大样本量中PFRs的分析,本书首先建立了冷冻除脂-固相萃取法和气相色谱质谱分析法。随后,以珠江三角洲河网广泛分布的三种淡水鱼为研究对象,调查了PFRs在该地区的分布特征,初步探究了PFRs在鱼类中的种间差异,评估了该地区居民食用淡水鱼的PFRs健康风险。最后,以广东清远电子垃圾污染区的水生动物、两栖蛙类和昆虫为研究对象,具体研究了PFRs的生物富集、代谢与子代传递特征,探究了昆虫变态过程对PFRs富集的影响。

在最佳实验条件下,冷冻除脂-固相萃取法对样品的脂肪去除率高达97%。在加标空白样品和加标鱼样中,12种PFRs目标物(除TEP外)的回收率范围分别为73%～108%和56%～108%,4种替代内标的回收率范围分别为90%～106%和75%～97%。各分析物在3组平行样品中的相对标准偏差均低于15%。方法检出限和方法定量限的范围分别为0.004～0.059 ng/g和0.027～0.55 ng/g。该方法具有良好的脂肪去除率、准确性和重现性,适用于高脂肪含量、大样本量的生物样品PFRs分析,为野外痕量PFRs研究提供了方法支持。

珠江三角洲河网鲮鱼、罗非鱼和清道夫中总PFRs的浓度范围分别为2.3～16 ng/g ww①、3.4～16 ng/g ww和3.5～30 ng/g ww。其中,TEHP、

① ww指湿重浓度

TCIPP、TCEP 和 TNBP 为主要污染物，累计约占总浓度的 90%。城市化、工业化程度较高的珠江段和北江段的污染水平明显高于东江段和西江段。清道夫中 PFRs 的浓度和组成模式与鲮鱼和罗非鱼差异明显，主要与其栖息环境、摄食行为和代谢能力有关。珠江三角洲地区成年人和儿童食用淡水鱼的 PFRs 摄入量分别为 17 ng/(kg·d)和 98 ng/(kg·d)，比参考值低 3 至 4 个数量级。因此，该地区居民淡水鱼的日常食用不会引起与 PFRs 相关的健康风险。

广东清远电子垃圾污染区水生动物（乌鳢、鲶鱼、鲮鱼、鲫鱼、沼虾、鲤鱼和中国水蛇）中总 PFRs 的浓度范围为 0.92～34 ng/g ww，PFRs 代谢物总浓度范围为 1.3～14 ng/g ww，比其对应的母体化合物略低或水平相当，表明监测生物体中 PFRs 代谢物的重要性。鱼类的肝脏组织具有较高的 PFRs 含量，主要与其亲脂性有关。水生动物中 PFRs 的生物富集因子（BAF）和生物-沉积物富集因子（BSAF）分别为 3.6～1 109 和 0.006 3～2.6。lg BAF 和 lg BSAF 均与 lg K_{OW} 呈显著正相关关系。中国水蛇体内 PFRs 的生物放大因子范围为 0.017～0.26，无生物放大效应。总 PFRs、TNBP 和 TPHP 在水生食物链（沼虾-杂食性鱼类-肉食性鱼类）上呈营养级稀释现象，营养级放大因子分别为 0.72、0.57 和 0.62。生物转化（代谢）过程可能是导致 PFRs 的生物富集具有种间和种内特异性及在野生食物链上呈营养级稀释的主要原因。PFRs 的浓度与组成模式在水蛇蛋和肌肉中差异明显，可能与不同化合物的子代传递效率差异有关。PFRs 在中国水蛇中的子代传递效率与 lg K_{OW} 呈显著正相关关系。

黑斑蛙和牛蛙肌肉组织中的 PFRs 浓度范围为 1.0～14 ng/g ww。总 PFRs、TEP、TCEP 和 TCIPP 在肌肉组织中的浓度表现为雄蛙显著高于雌蛙，而肝脏和性腺组织中的浓度情况则完全相反。雄蛙的 OLR 值[浓度比，$c_{其他}/(c_{其他}+c_{肝脏})$]显著高于雌蛙，表明雄蛙具有更高的 PFRs 代谢潜能。PFRs 在蛙类中的子代传递规律具有性别特异性；当肌肉组织作为亲本组织时，雌蛙的子代传递效率与 lg K_{OW} 呈显著负相关关系，而雄蛙则与 lg K_{OW} 呈抛物线相关关系。代谢转化和子代传递可能是造成蛙类中 PFRs 性别差异的重要原因。

6 类昆虫[荔蝽、蝴蝶（蛾）、蝗虫、蜻蜓、水甲虫和铜绿丽金龟]中总 PFRs

的浓度范围为 2.3～89 ng/g ww。不同种类昆虫的 PFRs 组成模式因其生境和取食习性的不同而存在较大差异。与较高营养级的脊椎动物(本书研究的水生鱼类和中国水蛇)不同，植食性昆虫(蝗虫幼虫)对大多数 PFRs 化合物具有生物放大效应，表明监测低营养级生物 PFRs 暴露的重要性。PFRs 在 4 类同时采集到成幼虫的昆虫[荔蝽、蝗虫、蝴蝶(蛾)和蜻蜓]的变态发育过程中具有一致的变化规律，即成幼虫体内污染物的浓度比($\ln A/L$)与 $\lg K_{OW}$ 均呈负相关关系，表明 PFRs 在不同种类昆虫变态过程中具有相似的调控机制。

在本书编写过程中，中国科学院广州地球化学研究所罗孝俊研究员和麦碧娴研究员在构思、数据挖掘和撰写方面给予了诸多帮助。同时，本书的出版得到了中国矿业大学相关领导和同事的帮助和支持，以及中国矿业大学出版社的大力协助，在此一并表示感谢！

由于著者学识水平有限，书中疏漏之处在所难免，热诚欢迎专家、学者及广大读者批评指正。

刘银娥

2025 年 2 月

目　　录

第1章 绪　论

1.1 有机磷系阻燃剂概述

有机磷系阻燃剂(organophosphorus flame retardants,PFRs)已有150多年的使用历史(Andraen,2007),是最常用的阻燃剂之一,同时还具备增塑剂和消泡剂等功能,被广泛应用于家具、纺织品、床垫、电子等商业产品和其他加工化学产品中(EPA,2005;Marklund et al.,2005a;van der Veen et al.,2012)。近十余年来,多溴联苯醚(PBDEs)、六溴环十二烷(HBCD)等常用的溴代阻燃剂(BFRs)由于具有持久性、长距离迁移性、生物蓄积性和生物毒性而被逐步禁用(EPA,2009)。因此,国际市场对其替代型阻燃剂的需求一直在持续增长。有机磷系阻燃剂作为BFRs的合适替代品之一(van der Veen et al.,2012;Wei et al.,2015),其生产与使用量与日俱增(EPA,2005)。据统计,从2013年至2018年,全球PFRs的产量从62万t/a增加至105万t/a,占阻燃剂总量的30%(He et al.,2017;Wang et al.,2017b)。在2007年,中国的PFRs产量为7万t(王晓伟,2010),并以约15%的年增长率稳健增长(Möller et al.,2012;Wei et al.,2015)。

PFRs基本上通过物理掺杂的方式直接添加到最终产品中,故其在生产、使用和处置期间能通过挥发、磨损和沥滤等方式从产品中泄漏(Sundkvist et al.,2010),并通过沉积、冲刷和渗透等途径迁移至更远的地方(Andresen et al.,2004;Bacaloni et al.,2007;Schreder et al.,2014;Takimoto et al.,1999)。大气冲刷沉降、工厂和废水处理厂的工业排放是PFRs进入水陆系统最重要的途径(Cristale et al.,2013;Meyer et al.,2004;Wei et al.,2015)。作为一类新兴的有机污染物,PFRs已引起全球环境生态研究者和科研工作者越来越广泛的关注和重视。研究发现,许多室内环境中的 PFRs 污染水平要明显高于 BFRs（Ali et al.，2012；Brommer et al.，2012；He et al.，2015）。同时，PFRs 在海洋和淡水生物、鸟类、昆虫和人类样本中都有检出（Hou et al.，2016）。

PFRs 是一类经人工合成的磷酸酯衍生物，可以分为三种主要类型：亚膦酸酯类、膦酸酯类和磷酸三酯类，其分子结构如图 1.1 所示（EFRA，2007；van der Veen et al.，2012）。本书所研究的 PFRs 主要针对的是磷酸三酯类化合物，这是一类使用范围最广的有机磷系阻燃剂（van der Veen et al.，2012）。磷酸三酯类化合物的化学结构相似，均由磷酸的三个氢原子被不同的基团取代得到。由于取代基的不同，不同 PFRs 化合物的理化性质相差较大，其环境行为也差异明显（Hou et al.，2016；van der Veen et al.，2012；Wei et al.，2015）。PFRs 的辛醇/水分配系数（lg K_{OW}）的范围从 −9.8 至 10.6，其溶解度可以相差 5～6 个数量级（van der Veen et al.，2012）。与非挥发性的 PFRs 相比，磷酸三丁酯（TNBP）、磷酸三乙酯（TEP）和磷酸三（2-氯乙基）酯（TCEP）等挥发性的 PFRs 具有更高的蒸气压，往往更容易释放到空气，并附于灰尘上（Wei et al.，2015）。芳基类和烷基类 PFRs 具有更大的相对分子质量和较高的疏水性，具有相似的生物富集能力和沉积物、土壤亲和力（van der Veen et al.，2012；Wei et al.，2015）。而氯代 PFRs 的水溶性更大，通常对水生生物具有持久的潜在威胁（Reemtsma et al.，2008；van der Veen et al.，2012）。本书研究的 17 种 PFRs 目标化合物的中英文全称和基本理化参数见表 1.1，具体化学结构如图 1.2 所示。

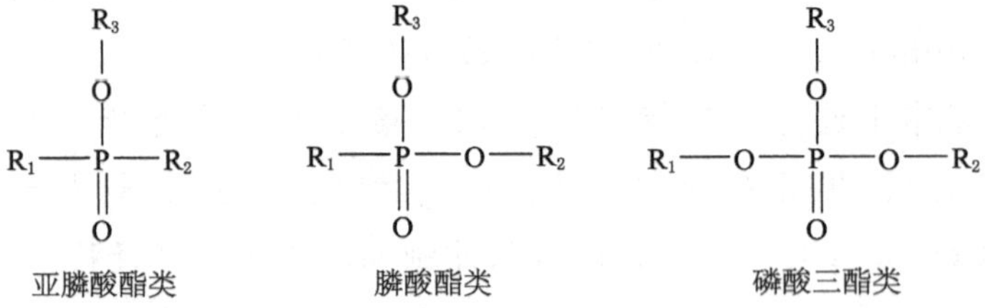

图 1.1　PFRs 基本结构图

表 1.1 17 种 PFRs 目标化合物的中英文全称及理化参数

英文缩写	中文名	英文全称	分子式	相对分子质量	水中溶解度 /(mg/L)	蒸气压 /mm Hg	亨利常数 /(atm·m³/mol)	lg K_{OW}
TEP	磷酸三乙酯	Triethyl phosphate	$C_6H_{15}O_4P$	182.1	5.00×10^5	0.29	3.5×10^{-6}	0.87
TiPP	磷酸三异丙酯	Tri-iso-propyl phosphate	$C_9H_{21}O_4P$	224.2	501	2.9×10^{-2}	8.1×10^{-5}	2.12
TnPP	磷酸三丙酯	Tri-propyl phosphate	$C_9H_{21}O_4P$	224.2	827	2.9×10^{-2}	8.2×10^{-6}	2.67
TNBP	磷酸三正丁酯	Tri-n-butyl phosphate	$C_{12}H_{27}O_4P$	266.1	280	1.1×10^{-3}	1.5×10^{-7}	4.0
TCEP	磷酸三(2-氯乙基)酯	Tris(2-chloroethyl) phosphate	$C_6H_{12}Cl_3O_4P$	285.5	7.0×10^3	1.1×10^{-4}	3.3×10^{-6}	1.63
TCIPP	磷酸三(2-氯丙基)酯	Tris(2-chloro-iso-propyl) phosphate	$C_9H_{18}Cl_3O_4P$	327.5	1.60×10^3	1.9×10^{-6}	6.0×10^{-8}	2.89
TBOEP	磷酸三(2-丁氧基乙基)酯	Tris(2-butoxyethyl) phosphate	$C_{18}H_{39}O_7P$	398.5	1.20×10^3	2.1×10^{-7}	1.2×10^{-11}	3.0
TDCIPP	磷酸三(1,3-二氯异丙基)酯	Tris(2-chloro,1-chloromethy-ethyl) phosphate	$C_9H_{15}Cl_6O_4P$	430.9	1.5	7.4×10^{-8}	2.6×10^{-9}	3.65
TEHP	磷酸三异辛酯	Tris(2-ethyhexyl) phosphate	$C_{24}H_{51}O_4P$	434.6	0.6	2.0×10^{-6}	9.6×10^{-5}	9.49
EHDPHP	磷酸-2-乙基己基二苯酯	2-Ethylhexyldiphenyl phosphate	$C_{20}H_{27}O_4P$	362.4	1.9	6.5×10^{-7}	2.5×10^{-7}	6.3
TPHP	磷酸三苯酯	Triphenyl phosphate	$C_{18}H_{15}O_4P$	326.3	1.9	1.2×10^{-6}	3.3×10^{-6}	4.7
TCrP	磷酸三甲苯酯	Tricresyl phosphate	$C_{21}H_{21}O_4P$	368.4	0.36	1.8×10^{-7}	9.2×10^{-7}	5.48
V6	2,2-二(氯甲基)-1,3-丙二醇双[双(2-氯乙基)磷酸酯]	2,2-bis(chloromethyl)trimethylene bis(bis(2-chloroethyl)phosphate)	$C_{13}H_{24}Cl_6O_8P_2$	582.99	2.1	1.2×10^{-14}	6.5×10^{-6}	1.9
iDDPHP	磷酸异癸基二苯酯	Iso-decyl diphenyl phosphate	$C_{22}H_{31}O_4P$	390.45	0.75	8.3×10^{-8}	4.4×10^{-7}	5.44
RDP	间苯二酚四苯基二磷酸酯	Tetraphenyl resorcinol bis (diphenyl phosphate)	$C_{30}H_{24}O_8P_2$	574.45	1.11×10^{-4}	2.1×10^{-8}	2.9×10^{-13}	7.41
BDP	双酚 A 双(二苯基磷酸酯)	Bisphenol-A bis(diphenyl phosphate)	$C_{39}H_{34}O_8P_2$	692.63	0.41	9.0×10^{-6}	—	4.5
TDBPP	磷酸三(2,3-二溴丙基)酯	Tris(2,3-dibromopropyl) phosphate	$C_9H_{15}Br_6O_4P$	697.61	8	—	—	4.29

本表信息源于引文 Hou et al.,2016;van der Veen and de Boer,2012;Wei et al.,2015。

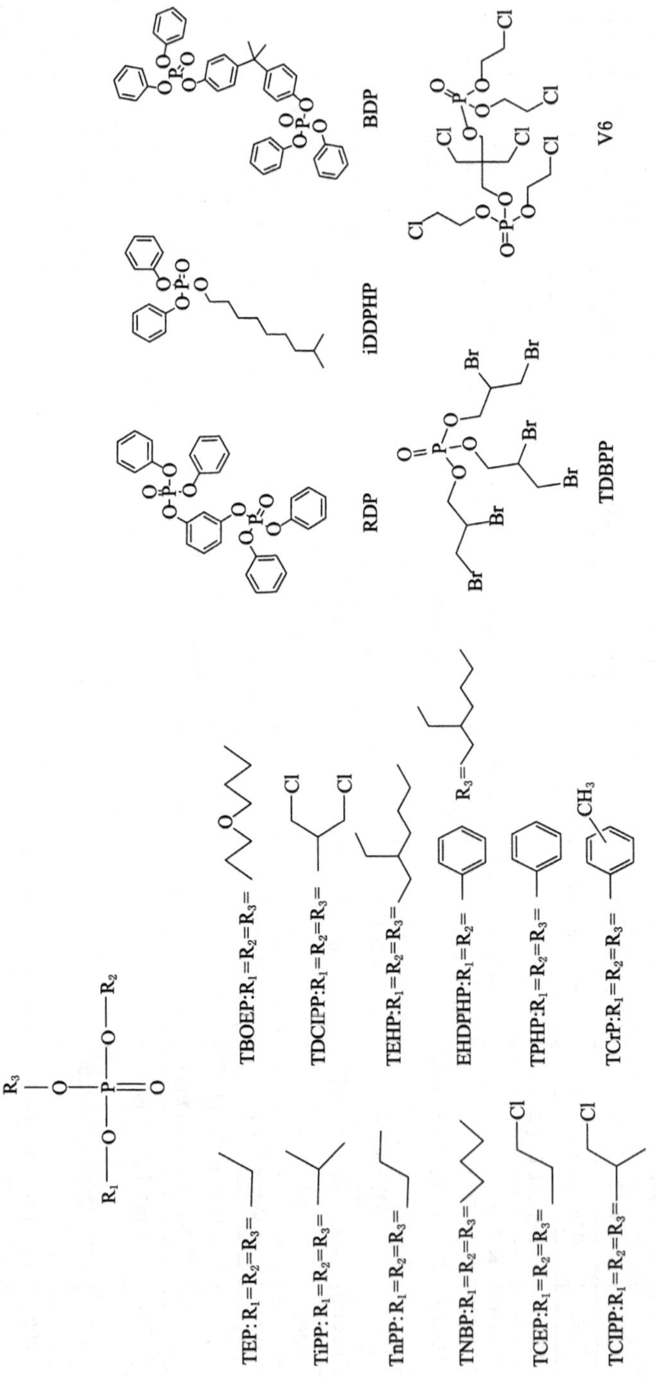

图1.2　17种PFRs目标化合物化学结构图

1.2 生物样中 PFRs 分析方法的研究

目前，相对于灰尘、大气和水等环境介质来说，有关生物样品中 PFRs 的研究报道较为有限。由于生物样品中 PFRs 污染物的浓度较低，需要一种高效的 PFRs 提取方法；此外，生物样品中含丰富的脂肪，而 PFRs 与脂肪/磷脂具有相似的酯类结构，其物化性质相似度高，从而简单的分离方法对生物样中杂质的去除效果不佳。众所周知，由于 PFRs 结构在极酸性或极碱性条件下容易被破坏，因此，传统的皂化等碱性或酸性处理方法不能用于 PFRs 的前处理分析。

1.2.1 前处理方法

目前，已有研究报道了几种去除生物样品中共提取脂质的方法，包括水溶液加压液相萃取和固相微萃取（Gao et al.，2014）、在线湍流色谱（Giulivo et al.，2016）、基质固相分散萃取（Campone et al.，2010）、凝胶渗透色谱（GPC）和硅胶柱净化（Evenset et al.，2009；Ma et al.，2013；Sundkvist et al.，2010），以及近几年发展的快速样品处理技术 QuEChERS（Xu et al.，2015）。生物样品中 PFRs 的提取和检测方法如表 1.2 所示。

Green 等（2008）在进行生物样品 PFRs 分析时，先加入了三戊基磷酸（TAP）作为替代内标，再加入丙酮（ACN）和甲基叔丁醚（MTBE），通过摇床振荡进行目标物提取，共提取两次。提取液经加水振荡去除丙酮，干燥后，用正己烷（HEX）和乙腈（ACN）进行液液萃取，净化提取液。Evenset 等（2009）在匀质干燥的样品中加入 TAP 作为替代内标后，加入 MTBE 通过摇床振荡提取目标物，重复提取两次，萃取液再经 GPC 柱净化。Leonards 等（2011）在样品中加入替代内标（TMP-d9、TNBP-d27、TPHP-d15 和 TAP）后，用二氯甲烷（DCM）和 ACE（1∶1，体积比）进行加速溶剂萃取（ASE），再使用硅胶和固相萃取（SPE）柱对提取液进行净化。Sundkvist 等（2010）在样品中添加 TNBP-d27 作为替代内标后，采用 ASE 法，用乙酸乙酯∶环己烷（5∶2，体积比）和环己烷∶乙醚（9∶1，体积比）提取目标物，再使用 GPC 柱经环己烷∶乙酸乙酯（3∶1，体积比）分段萃取进行净化。Campone

表 1.2　生物样品中 PFRs 的提取和检测方法

萃取方法	萃取溶剂	检测仪器	色谱柱	进样体积/μL	进样模式	方法检出限	方法定量限	回收率/%	参考文献
振荡	丙酮、甲基叔丁醚	GC-MS(除 V6 外)	Varian VF-5MS (30 m×0.25 mm×0.25 μm)	1	分流	5～40 μg/kg	—	—	Green et al.,2008
振荡	丙酮、甲基叔丁醚	GC-MS(只检测 V6)	Varian VF-5MS (30 m×0.25 mm×0.25 μm)	1	列模式	—	—	—	Green et al.,2008
振荡	甲基叔丁醚	GC-MS	Varian VF-5MS (30 m×0.25 mm×0.25 μm)	1	分流	—	—	—	Evenset et al.,2009
基质固相分散萃取+弗罗里-氧化铝柱	正己烷：丙酮(6：4,体积比)	GC-NPD	Agilent:DB-5 (30 m×0.32 mm×0.25 μm)	1	分流	0.2～9 μg/kg	0.7～30 μg/kg	65～110	Campone et al.,2010
加速溶剂萃取	乙酸乙酯：环己烷(5：2,体积比)	GC-HRMS	J&W Scientific:DB-5 (30 m×0.25 mm×0.25 μm)	1	分流	0.05～11 ng/g	—	64～110	Sundkvist et al.,2010
加速溶剂萃取	二氯甲烷：丙酮(1：1,体积比)	LC-MS/MS	Luna C18 (150 mm×3 mm×3 μm)	1	—	—	0.04～2 ng/g	—	Leonards et al.,2011
微波辅助萃取	正己烷：丙酮(1：1,体积比)	GC-MS	J&W Scientific:DB-5 (30 m×0.25 mm×0.25 μm)	1	分流	0.006～0.021 ng/g lw①	—	70～111	Ma et al.,2013
加压液相萃取	超纯水：乙腈(90：10,体积比)	SPME/GC-FPD	HP-5 capillary column (30 m×0.32 mm×0.25 μm)	—	—	0.010～0.208 ng/g	—	80～107	Gao et al.,2014
超声和真空辅助萃取	甲苯：乙腈(9：1,体积比)	GC-MS	HT-8 column (25 m×0.22 mm,0.25 μm)	1	分流	—	1.4～3.6 ng/g dw②	66～135	Xu et al.,2015
超声液相萃取	正己烷：丙酮(1：1,体积比)	TFC-LC-MS/MS	Purosphere Star RP-18 (125 mm×0.2 mm)	—	—	0.19～19.3 ng/g lw	—	47～98	Giulivo et al.,2016

注:① 表示脂重浓度；
② 表示干重浓度。

等(2010)测试了弗罗里硅土和氧化铝复合柱对鱼样 PFRs 分析的最佳冲洗溶剂量和目标物洗脱溶剂量;发现以 5 mL HEX : DCM(1 : 1,体积比)冲洗,再以 10 mL HEX : ACE(6 : 4,体积比)洗脱时的实验效果最佳。Gao 等(2014)采用水溶液加压液相萃取(PLE)和固相微萃取(SPME)相结合的方法,然后用气相色谱-火焰光度检测器(GC-FPD)分析检测了鱼样中的 PFRs。他们系统地评价了影响萃取效率的实验参数,发现以超纯水 : 乙腈(90 : 10,体积比)为萃取溶剂,萃取温度为 150 ℃,提取时间为 5 min,经酸洗后的硅胶为脂质吸附剂的实验效果最佳。Giulivo 等(2016)使用 15 mL HEX : ACE(1 : 1,体积比)的混合溶剂超声提取了鱼样中的 PFRs。将萃取液重溶于正己烷 : 甲醇(1 : 3,体积比)后,加入内标 TCEP-d12、TDCIPP-d15、TNBP-d27、TPHP-d15 和 TBOEP-^{13}C2,进行仪器分析。Ma 等(2013)使用微波辅助萃取(MAE)法,己烷 : 丙酮(1 : 1,体积比)为溶剂,提取了生物样品中的 PFRs;然后,采用 GPC 和 SPE 层析柱,对提取液进行净化;最后,进行气相色谱-质谱(GC-MS)分析。Xu 等(2015)在样品加入替代内标(TAP、TPHP-d15、TDCIPP-d15 和 TCEP-d12)后,使用 5 mL 甲苯 : 乙腈(9 : 1,体积比)混合溶剂进行超声和真空辅助萃取,然后采用弗罗里小柱,Z-sep/C18 分散剂和 APS 小柱进行净化,最后,进行 GC-MS 分析。

1.2.2 仪器分析

PFRs 的仪器分析方法各式各样,用到的分析仪器有:GC-FPD、GC-MS、气相色谱-氮磷检测器(GC-NPD)、液相色谱-串联质谱(LC-MS/MS)、气相色谱-原子发射光谱(GC-AED)、气相色谱-脉冲火焰光度检测器(GC-PFPD)和气相色谱-电感耦合等离子体质谱(GC-ICP-MS)(van der Veen et al. ,2012)。譬如,Green 等(2008)和 Evenset 等(2009)都使用了 GC-MS 分析生物样品中的 PFRs,而 Leonards 等(2011)和 Giulivo 等(2016)使用了 LC-MS/MS 进行分析。Green 等(2008)使用 GC-NPD 检测了 2,2-二(氯甲基)-1,3-丙二醇双[双(2-氯乙基)磷酸酯](V6)。Sundkvist 等(2010)通过气相色谱-高分辨质谱联用仪(GC-HRMS)检测了瑞典生物样品中的 PFRs。Campone 等(2010)使用 GC-NPD 测定了 PFRs。这些研究中测定的目标化合物包括 TCEP、磷酸三(2-氯丙基)酯(TCIPP)、磷酸三苯酯(TPHP)、磷酸三(1,3-二氯异丙基)酯(TDCIPP)、V6、磷酸三(2-丁氧基乙基)酯(TBOEP)、磷酸三异辛酯(TEHP)、磷酸异癸基二苯酯(iDDPHP)、磷酸-2-乙基己基二苯酯(EHDPHP)、TNBP、磷酸三甲酯(TMP)、三苯基膦氧化物(TPPO)和磷酸三甲苯酯(TCrP),但不包括间苯二酚四苯基二磷酸酯(RDP)、双酚 A 双(二苯基磷酸酯)(BDP)、三聚氰胺聚磷酸和二乙基膦酸。

早期,人们常用 GC-NPD 测定 PFRs(Isetun et al.,2004a,2004b;Rodríguez et al.,2006)。根据 Björklund 等(2004)和 Quintana 等(2007)的研究,GC-NPD 的优势是对含磷化合物有较好的选择性和较低的检测限(LOD)。然而,尽管 GC-NPD 具有良好的分离能力,但在分析灰尘等含氮化合物较多的复杂环境样品时,其选择性不高(García-López et al.,2009;Quintana et al.,2007)。同时其也存在识别能力差和稳定性差的缺点(Quintana et al.,2008)。而质谱(MS)则是一种更强大的识别化学结构的工具(Björklund et al.,2004);色谱-质谱技术在 PFRs 分析中发挥着越来越重要的作用,包括 GC-MS、GC-MS/MS 和 LC-MS/MS。

和 GC-NPD 相比,GC-MS 具有更高的选择性,并且能使用同位素标记的化合物对目标物进行更准确的定量(Björklund et al.,2004;Teo et al.,2015)。化合物的结构信息通常通过电子轰击离子源(EI)质谱来获取,同时,用选择离子监测(SIM)模式来提高对化合物的选择性和灵敏度(Björklund et al.,2004)。大多数具有较长支链结构的 PFRs 化合物在高能电子轰击下主要产生低质量碎片。离子质荷比(m/z)99(质子化的磷酸结构)是典型的离子碎片,它是由一系列的氢重排和烯烃基团的丢失而形成的(Björklund et al.,2004;Quintana et al.,2007)。然而,由于大多数碎片离子的质量较低,分子离子的强度较低,通常会生成不利的碎片(Björklund et al.,2004;Quintana et al.,2007)。更重要的是,由于低 m/z 范围的质谱经常会受到基质成分的干扰,故通过 SIM 模式确认和量化目标物的方式则会受到限制。

串联质谱(MS/MS)较好地克服了 GC-MS 的缺陷。MS/MS 实现了选择性反应监测(SRM),能够监测前驱体和产物离子的转变,降低了噪声水平,更大地提高了对复杂样品基质分析的选择性(Björklund et al.,2004;Teo et al.,2015)。此外,三重四极杆(QqQ)-MS 检测器具有多反应监测

(MRM)模式,这种检测模式是 GC-MS(SIM 模式)或带离子陷阱的 GC-MS/MS(SRM 模式)不具备的(Quintana et al.,2008)。另一方面,一些软电离源,如化学电离源(CI)、电喷雾电离源(ESI)和大气压化学电离源(APCI)等技术的发展使大质量碎片离子在电离过程中存留下来,并在碰撞诱导电离(CID)的作用下进一步破碎(Björklund et al.,2004)。相对于 EI 源,软电离源能够对 PFRs 进行更可控的碎片化。Björklund 等(2004)使用气相色谱-正化学电离-串联质谱(PolarisQ 离子阱质谱)(GC/PICI-CID-SRM)分析空气样品中的 PFRs,其定量限比 GC-EI-MS 约低 50 倍,但略高于 GC-NPD(Quintana et al.,2007)。这是由于母离子丰度相对较低(如磷酸三异丁酯)或产物离子丰度较高(如 TDCIPP)(Quintana et al.,2007)。使用 NPD 检测时,DB-5 色谱柱无法对 TPHP 进行量化,因为共价化合物会对检测造成干扰(Björklund et al.,2004)。而使用色谱柱,例如 HP-1 色谱柱[由 Otake 等(2001)测试]和 factor four 色谱柱[由 Staaf and Ostman(2005)测试],则可以检测 TPHP。与 NPD 相比,GC/PICI-CID-SRM 的可重现性更好,且具有更高的特异性(Björklund et al.,2004;Carlsson et al.,1997)。Halloum 等(2017)比较了 GC-EI-MS/MS 和 GC-APCI-MS/MS 的仪器检出限,后者对 18 种 PFRs 的检出限比前者低 60%～99%。此外,使用 GC-AED 的缺点是需要单独对氧、磷和碳/氯含量进样测定(van der Veen et al.,2012)。

对于较重的 PFRs,如聚磷酸盐,则不宜用 GC 测定(Rodil et al.,2005)。此外,一些 PFRs 在用 GC 分析时会出现拖尾峰,如三苯基氧化膦(TPPO)(Rodil et al.,2005)和 TBOEP(Teo et al.,2015)。使用 LC-MS 进行 PFRs 检测分析时,样品中可能存在的带金属阳离子(例如 Na^+)的稳定配合物(如 $[M+Na]^+$ 和 $[2M+Na]^+$)对检测是不利的。这些配合物的相对丰度受金属阳离子浓度和 pH 值的影响。通常,调节 pH 值,与金属阳离子形成的络合物能被有效地抑制,从而降低 LOD(0.4～19 pg/m^3)(Tollbäck et al.,2006)。Rodil 等(2005)首次建立了用 LC-MS/MS 分析水样中的 8 种三磷酸酯、2 种双磷酸盐和 TPPO 的方法。他们解决了 GC 检测中拖尾峰的问题,且能分析有机磷单酯、双酯等极性相对更大的化合物。目前,LC-MS/MS 在分析复杂环境样品方面具有良好的选择性和灵敏度,已成为分析 PFRs 的重要技术之一。ESI 和 APCI 是最常用的电离源,它们都能在正离子模式下有效地产生 PFRs 的质子化分子离子(Quintana et al.,2008)。而一些研究发现,APCI 比 ESI 更受欢迎,因为它可以更有效地减少基质效应(Amini et al.,2003)。为了提高电离效率,通常在流动相中加入甲酸,为分析物提供质子源(Luo et al.,2014)。LC-MS/MS 的主要缺点是离子抑制、基质干扰及对部分化合物的分离不完全(Guo et al.,2016;Teo et al.,2015)。基质效应在不同的分析物和样品之间有很大的差异。例如,在处理过的废水中 RDP 的信号被增强(+49%),但在原废水中 RDP 的信号受强离子抑制(-74%);此外,在地表水中 TCEP 被抑制了 65%(Rodil et al.,2005)。因此,添加标记同位素标准品是样品定量的关键。近年来,随着色谱技术的发展,超高效液相色谱(UPLC-MS/MS)在 MRM 模式下具有较高的选择性和灵敏度,在痕量分析中也得到了广泛应用(Guo et al.,2016;Luo et al.,2014;Wang et al.,2020b;Wu et al.,2017)。

1.3 生物体中 PFRs 的污染现状

近十年来,有关生物体中 PFRs 的研究数目正逐年递增(Pantelaki et al.,2020)。根据 Pantelaki 和 Voutsa(2020)的研究,附表 1 总结了近期有关水生和陆生生物中 PFRs 的污染数据。有关 PFRs 调查研究的水生生物包括水生食物网中从浮游植物、无脊椎动物到鱼类的不同物种。

1.3.1 水生食物网较低营养级生物中的 PFRs

水生食物网中较低营养级生物主要包括浮游植物、浮游动物、无脊椎动物和双壳类动物。

Fu 等(2020)测定了南极藻类样品中的 PFRs,污染物的总平均浓度为 0.25 ng/g ww,其中,TCEP 含量最高,TCIPP 和 TEP 次之。Wang 等(2019)在太湖浮游植物和浮游动物中也发现了 PFRs,检出率最高的是 TMPP 和 EHDPHP(分别为 43.2%和 31.6%)。底栖无脊椎动物(双壳类、贻贝和蜗牛)以 TEHP(24.9%)、TMPP(20.7%)、TPHP(17.2%)和 TDCIPP(15.0%)为主要污染物,而沼虾则以 TCIPP、TDCPP 和 TCEP 为主,分别占总量的 48.1%、12.5%和 11.5%。Zhao 等(2018)在太湖不同营养级的水生生物中都检测到了 TCIPP 和 TiBP。水生生物的 PFRs 浓度与其营养级呈负相关关系，其中，浮游生物的浓度最高[(100±23) ng/g ww]。不同营养级生物中的 PFRs 组成模式也不一样，浮游生物以 TiBP 为首要污染物，而无脊椎动物和鱼类则以 TCEP、TCIPP、TDCIPP 和 TPHP 为主要污染物。同样，Brandsma 等(2015)也发现荷兰斯凯尔特河口水生食物网中浮游生物的 PFRs 浓度最高，其中，TiBP 含量最丰富[(93±16) ng/g ww)]。

Brandsma 等(2015)在各种海洋生物(如牡蛎、双壳类、螃蟹和虾)中也检测到了 PFRs。TBOEP、TCIPP、TCEP 和 TPHP 是检出频率最高的污染物，而 TCIPP、TDCIPP、TBOEP 和 TEHP 的浓度最高，浓度范围为 5.9～9.9 ng/g ww。Gadelha 等(2019)调查了来自葡萄牙阿威罗的牡蛎中的 PFRs 污染情况，发现 TPPO、TDCIPP 和 DCP 浓度均较低，浓度范围为 LOQ～8.6 ng/g lw。Castro 等(2020)发现西班牙西北部加利西亚海岸的贻贝样品中 TPHP 的含量最高，其次为 TBOEP、TCIPP、TEHP、TNBP 和 EHDPHP，污染物总浓度高达 291 ng/g dw。Choi 等(2020)在韩国沿海采集的双壳类生物中检测到了更高的 PFRs 水平，浓度范围为 12.4～1 910 ng/g dw，其中，TCIPP 含量最高(达 169 ng/g dw)。Zhang 等(2020a)测定了中国北湖湾海水养殖场中牡蛎、蟹和虾类中的 PFRs，其总浓度为 5.13～39.6 ng/g ww，TCIPP 和 TCEP 是含量最多、检出率最高的污染物。

1.3.2 鱼类中的 PFRs

鱼类是一类被调查研究较多的生物。附表 1 列出了部分从欧洲、美国、加拿大和中国的水环境(包括湖泊、河流和海洋)中收集的各种鱼类测定的 PFRs 浓度。

Santín 等(2016)在西班牙略夫雷加特河的淡水鱼(梭鱼、鲤鱼、鳟鱼)中检测了 13 种 PFRs。污染物总浓度高达 2 423 ng/g lw，中位数为 677 ng/g lw。Giulivo 等(2017)在欧洲三个流域——希腊埃夫罗塔斯河、意大利阿迪杰河和塞尔维亚萨瓦河的鱼类中发现较低浓度的 PFRs，分别为 34～56 ng/g lw、51～650 ng/g lw 和 14～196 ng/g lw；其中，TNBP、TCEP 和 IPPP 是含量最高的 PFRs 化合物。Garcia-Garin 等(2020a)报道地中海西北部的牛目朴丽鱼中的 PFRs 具有较大的浓度范围(LOD～2 566 ng/g lw)；靠近人口稠密地区的水生生物的污染浓度较高。TNBP、EHDPHP 和 TPPO 是检出频率最高的化合物。Zheng 等(2020)发现阿拉斯加的棘鱼中的 PFRs 浓度较低,3 种 PFRs(TNBP、TPHP 和 IPPDPP)的总浓度约为 9.17 ng/g ww,其中 TNBP 含量最高(中位数为 4.93 ng/g ww)。Hallanger 等(2015)在挪威斯瓦尔巴群岛采集的所有毛鳞鱼中检测到了 TCEP、TCIPP、TPHP 和 EHDPHP;只在 10%的样本中检测到了 TBOEP,其浓度高达 573 ng/g lw。TCEP 和 TBOEP 在加拿大不同水域捕获的掠食性淡水鱼(湖鳟和玻璃梭鲈)中含量最多,也最常见,尽管其浓度较低(<10 ng/g ww)(Guo et al.,2017;McGoldrick et al.,2014)。Guo 等(2017)发现在五大湖地区鱼类中经常检测到 TCEP、TCIPP、TNBP 和 TPHP,但浓度相对较低。Chu 等(2015)发现从加拿大 16 个水体中采集的鲑鲈和湖鳟鱼样本中的 PFRs 含量甚至更低。其中,TEP 的浓度最高(2.23 ng/g ww),TDCIPP 的浓度范围为 1.16~1.9 ng/g ww。

Zhang 等(2018)检测到珠江三角洲部分河流中淡水鱼的 PFRs 浓度范围为 ND~209 ng/g lw。Hou 等(2017)在北京人口最密集、工业化和城市化较高地区的北运河中检测到高水平的 PFRs,总浓度范围为 265~1 973 ng/g lw,其中 TNBP、TCEP、TPHP 和 TCIPP 含量最高。Choo 等(2018)在韩国洛东河最具代表性的捕食性鱼类鲫鱼中也发现了 PFRs,各组织(肌肉、肝脏、性腺)中 PFRs 的总浓度为 3.08~18.1 ng/g ww,血液中 PFRs 的总浓度为 31.1~256 ng/mL,TBOEP 占 PFRs 总浓度的 90%,表明 TBOEP 在鱼血中未被活跃代谢。Fu 等(2020)报道了南极地区鱼类中的 PFRs 污染情况,平均总污染浓度为 2.12 ng/g ww,氯代 PFRs 为主要污染物。此外,Reemtsma 等(2008)在偏远和人口较少地区的鱼类样品中也频繁检测到了 TCEP,表明这种 PFR 化合物可能通过大气在全球范围内运输。

1.3.3 高营养级动物中的 PFRs

目前,有关水生和陆生食物网高营养级动物中 PFRs 的研究极为有限。最近,有研究调查了鲸目动物中的 PFRs 污染情况,如海豚和鲸鱼(Aznar-Alemany et al.,2019;Garcia-Garin et al.,2020a;Sala et al.,2019)。Aznar-Alemany 等(2019)报道了来自印度洋的 3 种海豚肌肉组织中的 PFRs 浓度范围为 1 630~31 861 ng/g lw,TBOEP 为主要化合物。Sala 等(2019)在西班牙阿尔沃兰海海岸的海豚肌肉样本中检测到 PFRs 的浓度为 69.5～2 939 ng/g lw，其中，TBOEP 和 IDPP 分别是检出率最高和浓度最高的化合物。PFRs 在不同海豚组织中的分布模式表现为：脂肪储存组织膀胱中的污染物浓度较高，而在代谢活跃的肝脏中浓度较低；此外，在脑组织中也检测到了一定水平的污染物，表明 PFRs 能够跨越膀胱屏障和脑屏障，并暗示了 PFRs 具有潜在的神经毒性。Garcia-Garin 等(2020b)在冰岛采集的长须鲸样本中检出了 7 种 PFRs，其总浓度范围为 31.9～10 232 ng/g lw。检出率最高的化合物为 IPPDPP(90%)，而 IPPP、TNBP 和 TPPO 的浓度最高。Hallanger 等(2015)调查了挪威斯瓦尔巴特群岛上三趾鸥、海鸠蛋、海豹、北极熊和北极狐中的 PFRs 污染情况。其中，TCEP、EHDPHP 和 TEHP 是检出最多的化合物，检出率分别为 17%、14.9%和 12.8%。在 10 个北极狐样品中，有 5 个样品检测到 TBOEP，浓度为 LOD～2 197 ng/g lw。而海豹中以 TCIPP 的浓度最高(LOD～372 ng/g lw)；北极熊中 TiBP 浓度最高(LOD～10 ng/g lw)。Letcher 等(2018)针对来自加拿大北极热区哈得逊湾北极熊的脂肪或肝脏样品进行了长期的有机污染物监测，他们在来自哈得逊湾南部和西部的北极熊脂肪样品中检测到了 TEHP，其浓度分别为 0.163 ng/g lw 和 0.308 ng/g lw。此外，也检出了痕量的 TPHP、TCIPP、TBOEP 和 TNBP，但其检出频率均低于 50%。Chen 等(2012)和 Su 等(2014b)在银鸥中也发现了 PFRs 的存在。Chen 等(2012)报道在加拿大银鸥蛋样品中均检测出了 TMPP、TCEP 和 TBOEP。Su 等(2014b)在五大湖地区银鸥的血浆样本中检测到了有机磷三酯和二酯类化合物，且至少 50%的样本中的磷酸二酯类浓度高于磷酸三酯类，表明存在代谢过程。当然，野外研究表明，PFRs 的代谢速率并不是决定海鸥整体浓度的唯一因素。膳食暴露、PFRs 在体内的沉积/迁移以及在蛋内的迁移也对其起关键作用(Greaves et al., 2016)。

所有研究表明，在世界范围内，PFRs 在从低营养级到高营养级的食物网生物群中普遍存在。PFRs 的检出率和浓度水平取决于物种种类、体型大小、年龄、脂肪含量和组织类型等。由于调查研究对象的差异，很难直接进行不同研究结果间的比较。

1.4 PFRs的生物富集研究

生物富集(bioaccumulation)也称生物累积或生物蓄积,是指生命有机体在其生命周期内通过吸收、吸附和吞食作用从环境(水、大气、土壤和沉积物等)和食物中吸收外源污染物的速率超出其清除速率,从而造成生物体内外源物质的净累积现象(罗孝俊等,2017;Gobas et al.,1999;Gobas et al.,2000)。目前,常用来量化污染物在生命有机体中富集程度的评价指标有:生物浓缩因子(bioconcentration factor, BCF)、生物富集因子(bioaccumulation factor, BAF)、生物-沉积物富集因子(biota sediment accumulation factor,BSAF)、生物放大因子(biomagnification factor,BMF)、营养级或食物链放大因子(trophic/food web biomagnification factor,TMF或FWMF)(罗孝俊等,2017;孙闰霞,2016;Burkhard,2003;Gobas et al.,2000;Harrad et al.,1997;Kobayashi et al.,2015;Li et al.,2014a;Ma et al.,2014;Pérez-Fuentetaja et al.,2015;Poma et al.,2014;Tomy et al.,2009;Zeng et al.,2011)。

有关PFRs生物富集的研究可以追溯到20世纪70年代,Saeger等(1979)首次检测了水生生物中PFRs的污染水平,并发现PFRs在水生有机生物体中具有富集潜力。相对于PBDEs[lg K_{OW}范围为4.3~9.8(van Ael et al.,2013),BCFs范围为128~44 430(Mansouri et al.,2012)],PFRs具有更大范围的辛醇/水分配系数和较低的生物富集潜力。氯代PFRs通常比芳基类PFRs具有相对低的BCF值,非氯代PFRs的BCF值会随其相对分子质量增加而增加(van der Veen et al.,2012)。根据REACH准则(EU,2008a),TCrP、TEHP、EHDPHP、RDP和磷酸三(二甲苯)酯(TXP)等芳基类PFRs被划分为具有生物累积性的污染物。近十余年来,随着PFRs的大量使用和高环境赋存水平的检出,PFRs引起越来越多研究人员的关注,PFRs在生物体内的富集特征和人体健康已成为热点问题。然而,目前,有关PFRs的生物积累、生物放大、食物链传递及子代传递的研究极其有限;尤其关于陆生动物(如低营养级的昆虫)和两栖类动物的研究几乎处于空白阶段。

1.4.1 PFRs的生物富集因子

大量研究报道了PFRs在环境介质和生物体中的赋存水平，但有关其生物富集潜力的研究仍十分有限。目前，仅对少数化合物的生物富集潜力进行了研究，且研究结果颇具争议。有机污染物的生物累积取决于暴露途径、非生物介质的浓度、物理化学性质（如 K_{OW}）、代谢和清除能力等(Schwarzenbach et al.，2003)。常用BCF(通常由室内实验计算)或BAF(由野外研究计算)来描述污染物的生物富集潜力。生物富集因子可通过统计模型估算、室内暴露实验测定以及野外研究获得。表1.3列出了经不同途径计算的PFRs生物富集因子及野外研究中获得的食物链放大因子。

(1) 统计模型估算

人们通常会使用美国国家环境保护局的EPISuite™模型估算有机污染物的物理/化学和环境命运特性。

(2) 室内暴露实验

PFRs在生物体中的富集潜力可以通过实验室研究测定。许多室内实验研究了在环境相关暴露浓度下的各种水生物种(如斑马鱼、鲑鱼、鲤鱼)中的PFRs生物累积特征。表1.3列出了通过室内暴露喂养实验计算的PFRs的BCF值。结果表明，PFRs在所研究生物的不同组织中的生物积累特征存在差异(Arukwe et al.，2018；Hou et al.，2019；Hou et al.，2020；Wang et al.，2016；Wang et al.，2017a)。而同一组织中不同化合物的生物积累模式似乎也具有化学结构特异性(Wang et al.，2017a)。分配是PFRs生物积累的主要途径，生物转化对PFRs生物积累也具有重要影响。根据Wang等(2017a)的研究结果，生物转化对斑马鱼富集多氯代PFRs(TDCIPP)和芳基类PFRs(TPHP和TMPP)的影响大于对短链氯代烷基的TCEP和烷基/烷氧基类PFRs(TnPP、TNBP和TBOEP)的影响。

Wang等(2017a)发现经PFRs暴露喂养后，雌性斑马鱼中TDCIPP的浓度明显高于雄性鱼体，表明PFRs的生物累积具有性别特异性。不同生物取食行为和代谢作用的差异则是影响PFRs物种特异性累积的主要原因(Bestvater，2014；Wang et al.，2015)，但目前对这些不同的作用机制尚不清楚。总体上，TCEP、TDCIPP、TnPP、TNBP和TBOEP在鱼类中的生物累

表 1.3　PFRs 的生物富集因子和食物链放大因子①

	TPHP	TDCIPP	TCEP	TnPP	TNBP	TBOEP	TEP	TCIPP	EHDPHP	参考文献
生物富集因子(BCF)										
US EPA EPISuite	113.3	21.4	0.425	0.912	39.81	25.56	3.16	3.27		
实验室暴露实验(斑马鱼)	46~224②	18~66②	0.5~2.4②	0.5~2.6②	4.6~25②	3.3~17.3②				Wang et al.,2017a
	1 925~5 474③	495~1 474③	22.2~46.5③	22.7~48③	221.1~507.5③	128.1~315.9③				
野外研究(鲫鱼)			6 150~14 100		59 900~140 000	19 100~21 100	6 700~44 700	1 970~5 900		Choo et al.,2018
野外研究(鳟鱼和鲦鱼)				561~573						Muir et al.,1983
食物链放大因子(TMF)										
荷兰底栖食物链			2.6			3.5		2.2		Brandsma et al.,2015
南极洲企鹅和海燕	2.74		5.2					2.92		Fu et al.,2020
中国太湖食物链		0.39						0.55		Zhao et al.,2018
中国太湖食物链									3.61	Wang et al.,2019

注:① 此表引自 Pantelaki et al.,2020;
② 表示以湿重浓度计算的各组织 BCF 值;
③ 表示以脂重浓度计算的各组织 BCF 值。

积潜力较低，TMPP 和 TPHP 具有较高的 BCF（经脂重浓度计算），暗示其倾向于在脂肪中富集。

（3）野外调查研究

野外调查数据也常被用来评估 PFRs 在生物体中的富集潜力。Bekele 等（2018）和 Choo 等（2018）探究了 PFRs 在鱼体中的组织特异性积累，发现 PFRs 在肝脏中累积浓度明显高于肌肉。根据湿重浓度，他们计算了 PFRs 在鱼体中的 BAF 值，BAF 范围变化较大，为 6.54～528.15 L/kg，这主要归因于不同物种在生物摄取和净化速率上的差异。Guo 等（2017）认为 TCIPP 和 TCEP 在鱼体中具有生物累积性，尽管 TCEP 的辛醇/水分配系数较低（lg $K_{OW}<2$）。有研究利用生物-沉积物富集因子评估了 PFRs 的生物累积潜力（Bekele et al.，2019；Choi et al.，2020；Choo et al.，2018；Giulivo et al.，2017；Zhang et al.，2020a）。Giulivo 等（2017）发现在欧洲萨瓦河和阿迪杰河流域的鱼体中 TNBP、TCEP 和 TMPP 的 BSAF 值均小于 1。同样，Choi 等（2020）发现从韩国海岸采集的双壳类生物对 TEP、TCEP、TMPP、EHDPHP 和 TEHP 具有较低的生物累积潜力，其 BSAF 值范围为 0.06～0.76。Bekele 等（2019）报道了莱州湾无脊椎动物和底栖鱼类中 PFRs 的 BSAF 值，其值均处于较低水平，范围分别为 0.1～0.5 和 0.3～0.7。而 Choo 等（2018）发现韩国洛东河鲫鱼中 TCEP 和 TNBP 的 BSAF 值较高，分别为 4.80～11 和 20.5～48.7。Zhang 等（2020a）研究了 PFRs 在养殖场水生生物（虾、蟹、牡蛎）和饲料（商品虾料）中的生物富集行为，发现随着化合物 lg K_{OW}增加，PFRs 在虾、蟹中的生物富集因子增加，然而在牡蛎中却没有这种趋势。Hou 等（2017）在野外清水鱼中发现 TCEP、TCIPP、TNBP 和 TPHP 的 lg BAF 值与 lg K_{OW}呈显著正相关关系。

通常，有机物在生物脂肪中的累积潜力与其亲脂特性（如 K_{OW}）直接相关（Pantelaki et al.，2020）。然而，对 PFRs 而言，这类化合物具有较大范围的 K_{OW}值，K_{OW}不一定能反映其生物累积特性。许多研究报告指出，多数 PFRs 化合物（如 TCIPP、TPHP、TBOEP、TNBP、EHDPHP、TCrP、TDCIPP 和 TEHP）在鱼体中具有有限的亲脂性，其生物累积性与脂肪没有显著相关关系（Brandsma et al.，2015；Chen et al.，2012；Kim et al.，2011；Malarvannan et al.，2015；Sundkvist et al.，2010）。

1.4.2 PFRs的生物放大/食物链放大

生物放大过程特指生物通过取食过程造成生物体内外源污染物浓度高于其相应食物的污染物浓度的现象，它通常用BMF表征（罗孝俊等，2017）。食物链放大则指外源污染物浓度随食物链生物营养等级的增加而增加的现象，用TMF描述（罗孝俊等，2017）。仅存在两个营养级的食物链放大就是生物放大。生物放大/食物链放大受化合物的疏水性和在不同营养等级生物中的生物可利用性和代谢转化的影响（Wang et al.，2019）。目前，有关PFRs在野生食物链中的生物放大和食物链传递方面的研究较少，结果也不尽相同，甚至相反。

Hallanger等（2015）发现海鸟和哺乳动物与作为它们的主要食物的毛鳞鱼具有相似的PFRs浓度，表明PFRs没有发生生物放大。Brandsma等（2015）在某河口底栖和浮游水生生物食物链的痕量PFRs研究中发现，TBOEP、TCIPP和TCEP在底栖食物链中具有食物链放大现象，而TDCIPP、TNBP、TMPP、EHDPHP、TCrP和TEHP没有发生放大，反而其在浮游食物链中呈现营养级稀释现象。Kim等（2011）证实只有TPHP在马尼拉海湾居于水底的鱼体内具有生物放大作用，尽管他们没有计算其BMF值。在南极洲的偏远地区，Fu等（2020）发现TCEP、TCIPP和TPHP在由企鹅和海燕组成的食物链上发生了生物放大，其BMF值分别为5.20、2.92和2.74。Wang等（2019）发现EHDPHP在中国太湖的淡水食物网中发生了食物链放大，其TMF值为3.61，并指出这主要是因为该化合物的疏水性较高。而Zhao等（2018）的研究则表明，物理化学特性满足生物富集标准的PFRs，如高K_{OW}值且BCF值大于2 000的PFRs（ECHA，2007）仍可能在淡水湖食物网中呈营养级稀释。相比水生物种，有关PFRs在陆生食物链中的生物放大研究更是少之又少，特别是广泛暴露于PFRs下的陆生鸟类和哺乳动物。

目前的研究对PFRs生物放大机理还缺乏较为清晰全面的认识（Hou et al.，2016）。与PBDEs不同，PFRs具有较低的脂肪亲和力。目前关于PFRs生物放大的结果仍存在较大的争议，暗示需要进行更多的研究来阐明这些化合物在食物链中的生物放大/食物链传递行为；同时，在研究中应考虑到物种大小、性别及实验条件的影响。

1.5 PFRs的生物代谢

代谢是决定外源物质在生物体内累积和清除的主要因素，也是影响这些化合物对生物体产生毒理学效应的间接因素(Meyer et al., 2004)。PFRs在生物体中容易发生代谢，诸多体外和体内研究证实，PFRs通常通过*O*-脱烷基化和羟基化等Ⅰ相反应和Ⅱ相结合反应被迅速代谢转化成更亲水、更易被清除的代谢产物(Ballesteros-Gómez et al.,2015;Cooper et al.,2011;Hou et al.,2018;Su et al.,2015;Tang et al.,2019;van den Eede et al.,2013,2015;Wang et al.,2016)。

1.5.1 氯代 PFRs

氯代PFRs，主要包括TDCIPP、TCEP和TCIPP，是一类已被广泛研究的PFRs。Lynn等(1981)通过啮齿动物暴露实验发现TDCIPP被代谢转换成了磷酸二(1,3-二氯异丙基)酯(BDCIPP)、磷酸单(1,3-二氯异丙基)酯(MDCIPP)和1,3-二氯异丙醇(1,3-DCP)。Nomeir等(1981)在大鼠肝微粒体孵育TDCIPP的实验中发现了一种谷胱甘肽结合物。Burka等(1991)和Sasaki等(1984)在小鼠暴露实验中发现了TCEP的代谢产物，包括磷酸二(2-氯乙基)酯(BCEP)、羟基化TECP(TCEP-OH)和葡萄糖醛酸基结合物。Van den Eede等(2013)通过人体肝微粒体孵育实验研究了TDCIPP、TCEP和TCIPP的代谢转化，检测到的TDCIPP的代谢产物有羟基化TDCIPP(TDCIPP-OH)、羧酸化TDCIPP(COOH-TDCIPP)、BDCIPP和羟基化BDCIPP(BDCIPP-OH);TCEP的代谢产物有BCEP和TCEP-OH。同理，TCIPP的代谢产物有磷酸二(2-氯丙基)酯(BCIPP)、羟基化TCIPP和BCIPP(TCIPP-OH和BCIPP-OH)及羧酸化TCIPP(COOH-TCIPP)。此外，还发现了Ⅱ相反应产物——TDCIPP和TCEP的谷胱甘肽结合物(Nomeir et al.,1981;Van den Eede et al.,2013)。

综上所述，氯代PFRs的Ⅰ相代谢途径包括醚键的断裂(*O*-脱烷基化)和末端碳原子的氧化脱卤；这些反应生成二酯类(DAPs)和羟基化代谢产物，最终形成羧酸。此外，Ⅱ相反应能通过直接取代氯代 PFRs 中具有亲电子性的 Cl 原子来发生，从而形成Ⅱ相代谢产物。

1.5.2 烷基类 PFRs

已报道的关于烷基类 PFRs 的代谢研究有 TNBP 的动物暴露实验和 TBOEP 的人体肝微粒体孵育实验(Sasaki et al.,1984;Suzuki et al.,1984;Van den Eede et al.,2013,2015)。Suzuki 等(1984)发现 TNBP 在母鼠体内被代谢成磷酸二正丁酯(DNBP)、磷酸单正丁酯(MNBP)和其他的羟基化产物。Sasaki 等(1984)在体外小鼠肝微粒体的代谢研究中发现 TNBP 被快速地氧化代谢为羟基化 TNBP,并能够被进一步转化为二羟基化 TNBP 或 DNBP。Van den Eede 等(2013)在人体肝微粒体代谢研究中发现 TBOEP 能代谢生成磷酸二(2-丁氧基乙基)酯(BBOEP)、羟基化 BBOEP(BBOEHEP)、四种单羟基化 TBOEP 的异构体(di-OH-TBOEP)和其他的一些酮类的同分异构体。此外,Van den Eede 等(2013)也鉴定出了 TBOEP 在Ⅱ相反应中的代谢产物——BBOEHEP 的葡萄糖醛酸基结合物。Van den Eede 等(2015)在另一个人体肝微粒体研究中发现 TBOEP 的单羟基化代谢物有双(2-丁氧基乙基)3-羟基-2-丁氧基乙基磷酸(3-HO-TBOEP)、双(2-丁氧基乙基)1-羟基-2-丁氧基乙基磷酸(1-HO-TBOEP)和双(2-丁氧基乙基)2-羟基-2-丁氧基乙基磷酸(2-HO-TBOEP)。

与氯代 PFRs 一样,烷基类 PFRs 也很容易通过水解作用脱烷烃形成相对应的磷酸二酯类化合物。烷基类 PFRs 主要通过未被取代的碳原子进行羟基化,而氯代 PFRs 的代谢则是通过氧化脱卤的方式进行的。羟基化过程更可能发生在烷基类 PFRs 的终端碳原子上,因为这比发生在其他碳原子上更稳定(Van den Eede et al.,2015)。此外,进一步的羟基化、氢羧基化或氧化脱烷基化作用也会部分发生在这些化合物的前代谢物上。总体而言,烷基类 PFRs 的Ⅱ相反应是建立在已发生Ⅰ相羟基化基础上的,这些代谢产物的形成与氯代 PFRs 截然不同。

1.5.3 芳基类 PFRs

目前,已有部分关于 TPHP、TCrP 和 RDP 等芳基类 PFRs 在实验室动物体内的代谢研究。Kurebayashi 等(1985)研究了 TCrP 在小鼠体内的代谢,发现 TCrP 主要的代谢产物有对羟基苯甲酸(DCP)、羧酸化 TCrP(COOH-TCrP)和对甲氧基二对羧基苯基磷酸(COOH-TCrP)。Su 等(2014a)研究了 TPHP 在体外鸡胚胎肝细胞中的代谢,鉴定的代谢产物有磷酸二苯酯(DPHP)、羟基化 TPHP(TPHP-OH)和二羟基化 TPHP 的异构体(di-OH-TPHP)。Su 等(2015)发现羟基化 TPHP(TPHP-OH)会和葡萄醛发生结合反应,生成相应的结合物。RDP 的结构类似于 TPHP。Freudenthal 等(2000)对 RDP 进行了小鼠和猴子的体内代谢研究,发现其排泄的代谢产物主要有间苯二酚、DPHP、羟基化 DPHP(DPHP-OH)和羟基化 RDP 异构体。物种之间的代谢产物没有明显差异。TPHP 和 RDP 在体外人体肝微粒体中的代谢也有研究。Van den Eede 等(2013)在人体肝微粒体代谢 TPHP 的研究中除了发现在前面所述的鸡肝细胞内的代谢产物外,还鉴定出了Ⅱ相反应代谢产物——葡萄糖醛酸基结合物和硫酸基结合物。Ballesteros-Gómez 等(2015)发现 RDP 在人类肝微粒体的体外代谢产物与体内代谢的结果一致。

芳基类 PFRs 和烷基类 PFRs 具有相似的代谢途径。Ⅰ相反应包括羟基化、双羟基化和苯基上的羧化作用。葡萄糖醛酸基和硫酸盐的结合物仅仅在Ⅰ相羟基化或双羟基化代谢产物的基础上形成。值得注意的是,同时拥有烷基和芳基的 EHDPHP 的代谢产物较为复杂。Nishimaki-Mogami 等(1988)研究了 EHDPHP 在老鼠体内的代谢,发现 DPHP、苯酚、DPHP-OH 和 MPHP 是主要的代谢产物。然而,Ballesteros-Gómez 等(2015)在人类肝微粒体的 EHDPHP 体外代谢研究中发现 EHDPHP 的 2-丁氧基乙基和苯基上均发生了羟基化,并形成了羟基化和双羟基化代谢物(TPHP-OH 和 TPHP-OH)。另外,也有检测到Ⅱ相反应的代谢产物——DPHP 和葡萄糖醛酸基的结合物(Ballesteros-Gómez et al.,2015)。

1.5.4 野外 PFRs 生物代谢研究

最近,在尿液中检出的 DAPs 和 MAPs 被鉴定为评估人体 PFRs 暴露的生物标志物。总的来说,磷酸二酯类化合物(包括 BDCIPP、BCEP、BCIPP、BBOEP、DPHP、DNBP 和 DEHP)和一些单酯类化合物(如 MBP、

MEHP、MPHP、MCIPP和MBOEP)在人体尿液中被量化,其中值浓度在每毫升纳克水平(Butt et al.,2014;Cequier et al.,2014b,2015;Chu et al.,2011;Cooper et al.,2011;Dodson et al.,2014;Fromme et al.,2014;Hoffman et al.,2015;Meeker et al.,2013;Möller et al.,2004;Petropoulou et al.,2016;Reemtsma et al.,2011;Schindler et al.,2009a,b)。然而,目前大多数的野外调查只关注淡水或海洋生物中的母体PFRs化合物,有关其代谢产物的研究却极为稀少。到目前为止,只有两篇有关野生鱼体中PFRs代谢产物的研究报道(Hou et al.,2017;Li et al.,2020a)。Hou等(2017)检测了北京3种淡水鱼中的4种DAPs(DNBP、DPHP、BBOEP和DEHP),代谢物总浓度为35.3~510 ng/g lw,与母体PFRs浓度相当或略低,表明调查代谢产物对整体评估PFRs污染的重要性。Li等(2020a)报道了来自全球(包括美国、中国、欧洲、南美和东南亚地区)鱼粉中的8种DAPs的污染情况。

1.6 PFRs的生物毒性和人体暴露研究

1.6.1 PFRs的生物毒性

毒理学研究表明,部分PFRs化合物具有突出的毒性效应,譬如致癌性、生殖毒性、神经毒性和细胞毒性等,其对生命有机体的健康危害不容小觑。PFRs有可能导致生殖障碍,对长期污染物暴露下的动物产生内分泌和全身系统性不利影响(Dishaw et al.,2011;Liu et al.,2012;Porter et al.,2014;van der Veen et al.,2012)。芳基类PFRs通过干扰转录调节的表达,会对斑马鱼产生心脏毒性(Du et al.,2015)。氯代PFRs,如TCEP、TCIPP和TDCIPP,被证明具有神经毒性和致癌性(Ni et al.,2007;WHO,1990,1991,1998b,2000)。TDCIPP很容易进入血液,诱导肝、肾和睾丸生成肿瘤(OEHHA,2011)。Meeker等(2010)发现男性体内甲状腺激素的浓度减少和泌乳素水平增加与室内灰尘TDCIPP水平有关。Lehner等(2010)和Ren等(2008)发现TCEP跟小狗的急性死亡事件有关联。Sasaki等(1981)发现TNBP、TPHP、TCEP和TDCIPP对鳉鱼和金鱼具有急性毒性。有研究表明TNBP和TBOEP与病屋综合征有关(Kanazawa et al.,2010)。TBOEP、

TEHP、TNBP、TCIPP 和 TPHP 能导致皮肤过敏或接触性皮炎(Araki et al.,2014;Camarasa et al.,1992)。而 TPHP、TCEP、TDCIPP 和 TCIPP 则有可能产生溶血效应(Marklund et al.,2005a)。

1.6.2 PFRs 的人体暴露评估

已有研究表明,室内空气和灰尘的吸入是人体暴露 PFRs 的重要途径之一,因为建筑材料是室内生活环境中 PFRs 的重要来源(Marklund et al., 2005b; Tajima et al., 2014; Yang et al., 2014)。通常, TPHP、TCEP、TNBP、TCIPP 和 TBOEP 对人体具有较大的暴露风险(Abdallah et al., 2014;Ali et al.,2013,2016,2018;Bastiaensen et al.,2019;Bergh et al., 2011;Bi et al.,2018;Björnsdotter et al.,2018;Brommer et al.,2015;Canbaz et al.,2016;Cequier et al.,2014a,2015;Christia et al.,2018;Deng et al., 2018;Hoffman et al.,2015;Liu et al.,2018a;Rantakokko et al.,2019; Tajima et al.,2014;Tang et al.,2020;Tao et al.,2018;Zheng et al., 2017b)。

此外,饮用水和食物的饮食暴露也是 PFRs 进入人体的重要方式(Benotti et al.,2009;Choo et al.,2020;Ding et al.,2015;Houtman et al., 2019;Lee et al.,2016;Li et al.,2019,2014a,2014b;Rodil et al.,2012; Stackelberg et al.,2007;Wang et al.,2020a,2020b;WHO,1990,1991, 1998b,2000;Xing et al.,2020)。环境中的卤代有机污染物通过食物摄入的暴露量占人体总暴露量的 90%以上(孙闰霞,2016);水产品,如鱼类等约占人体膳食总量的 10%,这是人体内有机污染物暴露的重要途径(Aznar-Alemany et al.,2017;Babalola et al.,2018;Bedi et al.,2020;Binelli et al., 2004;Carlsson et al.,2016;Fair et al.,2018;Hao et al.,2015;Harrison et al.,1998;Li et al.,2018;Liu et al.,2018b;Pardo et al.,2020;Song et al.,2014;Sun et al.,2020,2017b;Xu et al.,2017;Zacs et al.,2021;Zhang et al.,2016,2020b)。Kim 等(2011)发现菲律宾沿海居民通过食用鱼类的 PFRs 总摄入量为 22 ng/(kg · d)。Malarvannan 等(2015)报道比利时居民基于鳗鱼消费的 PFRs(包括 TCIPP、TPHP、TBOEP、TCEP、EHDPHP 和 TDCIPP)摄入量较低[均<1 ng/(kg · d)]。此外,He 等(2019)发现中国重庆

农村居民通过摄食和环境摄入的 PFRs 暴露量为 1.42 ng/(kg·d)。最近，Zhang 等(2020a)评估了人类通过海产品消费的 PFRs 暴露风险，计算得 PFRs 总摄入量范围为 9.31～23.75 ng/(kg·d)；其中，TCIPP 和 TCEP 是主要污染物，占总量的 60%；海产品牡蛎的贡献最大，占总摄入量的 50%以上，其次是螃蟹和虾。一般而言，从食品消费中摄入的 PFRs 比其参考剂量(RfD)值低几个数量级。然而，由于 PFRs 的生产和使用量仍有递增趋势，预计其摄入量还将增加。此外，应注意的是，仅基于对 PFRs 母体化合物的暴露评估可能会低估其通过食物消费对人体的风险。PFRs 容易在生物体中代谢，因此，其代谢产物毒性也应考虑在人体暴露风险评估中。

1.7 研究目的、意义和内容

1.7.1 研究目的和意义

PFRs 是一类新型的有机污染物，近十余年来，已有大量研究报道了各类环境介质中 PFRs 的高赋存水平。这类具有一定的生物累积性和生物毒性的新型有机污染物是否同典型的持久性有机污染物一样，能在生物体中富集，并沿食物链放大？其在卵生生物中的子代传递规律又是如何？目前，有关 PFRs 的环境行为特别是生物富集和传递及生物代谢的研究却极为有限。大部分的野外调查研究都针对的是水生动物，而有关陆生动物，如低营养级的昆虫和两栖类动物的研究几乎没有。虽然已有初步研究报道了 PFRs 的生物累积和生物放大，但研究结果存有争议。此外，有关 PFRs 和 PFRs 代谢产物在野生动物中的内部暴露(组织分布)和健康风险的研究也极为匮乏。PFRs 代谢产物(DAPs 和 PFRs-OH)是否可以作为监测野生生物中 PFRs 污染的生物标志物，代谢如何影响 PFRs 的生物富集，目前尚不清楚。

珠江三角洲地区是我国重要的工业、农业和商业化区域，已成为有机氯农药(OCPs)、氯化石蜡(CPs)、卤系阻燃剂(HFRs)、多氯联苯(PCBs)和多环芳烃(PAHs)等各类有机污染物汇集的潜在高风险地区(孙闰霞，2016；Chen et al.，2011，2013；Luo et al.，2004；Mai et al.，2005)。然而，目前有关该地区 PFRs 的调查研究相对较少，且多集中于对沉积物和水体等非生物介质的研究。

本书开展珠江三角洲地区主要河流段淡水鱼中 PFRs 的调查研究有助于综合了解该地区 PFRs 的污染状况和分布特征，并为初步研究水生动物中 PFRs 的种间特异性富集特征提供基础数据。本书通过构建封闭的水生食物链，并结合生物代谢，深入研究了 PFRs 在水生动物中的富集特征，补充了 PFRs 在水生生态系统中的迁移、转化和传递方面相关的研究信息。本书研究并比较了 PFRs 在水生动物和两栖蛙类中的组织分布及子代传递特征，加深了对水生和两栖动物中的 PFRs 内部暴露和健康风险的认识。此外，本书还探究了昆虫的变态发育对 PFRs 富集的影响，为全面认识 PFRs 的生物富集特征提供了基础数据。本书的研究工作填补了诸多有关 PFRs 环境行为的研究空白，对全面理解 PFRs 的环境行为和归宿具有一定指示作用，为全面评估其生态风险提供了基础数据。

1.7.2　研究内容

本书针对有机磷系阻燃剂在动物体中环境行为研究现状的不足，以珠江三角洲地区的水生动物、两栖蛙类和昆虫为研究对象，具体开展了以下 4 个方面的研究工作。

（1）建立高脂肪大样本量和小样本量中 PFRs 及其代谢产物的分析方法

在本课题组已有的研究基础上（谭晓欣，2016），本书针对大样本量中 PFRs 分析方法（冷冻除脂-固相萃取法）实验参数进行了优化。分析比较了 3 种极性有机溶剂，包括乙酸乙酯、甲醇和乙腈，用于冷冻除脂的实验性能；探究了不同有机溶剂体积 15 mL 和 30 mL（即溶剂/超纯水的体积比为 5% 和 10%）对实验效果的影响；并与传统色谱柱（包括 GPC 柱和复合层析柱）净化法进行了综合对比。此外，参考已报道的文献，建立了小样本量中 PFRs 及其代谢产物的分析方法。

（2）珠江三角洲河流淡水鱼中 PFRs 的区域分布与种间差异研究

以珠江三角洲主要河流段（包括东江、西江、北江及珠江段）为研究区域，以 3 种广泛分布的鱼类（鲮鱼、罗非鱼和清道夫）为研究对象，分析了淡水鱼中 PFRs 的浓度与组成模式，调查了 PFRs 的区域分布特征与污染模式，探究了 PFRs 在不同鱼类中的种间特异性累积特征，并初步评估了该地区居民食用淡水鱼的 PFRs 健康风险。

(3) PFRs 在电子垃圾污染区水生动物中的富集与子代传递研究

以广东省清远市龙塘镇一个典型的受电子垃圾污染的池塘为研究区域，以 7 种水生动物(乌鳢、鲶鱼、鲮鱼、鲫鱼、沼虾、鲤鱼和中国水蛇)、水和表层沉积物为研究对象。通过分析不同生物体中 PFRs 和 PFRs 代谢产物的浓度与组成，并计算其 BAF 和 BSAF，主要研究了 PFRs 在这些水生动物中的种间特异性累积和代谢。通过稳定同位素分析，研究了 PFRs 在中国水蛇和水生食物链(沼虾-杂食性鱼类-肉食性鱼类)上的生物放大与食物链传递行为。此外，探究了 PFRs 在鲮鱼和乌鳢中的组织分布及在中国水蛇中的子代传递特征。

(4) PFRs 在两栖蛙类和昆虫中的富集和子代传递研究

以上述受电子垃圾污染的池塘及周边环境(<500 m)为研究区域，以黑斑蛙、牛蛙、6 类昆虫[荔蝽、蝴蝶(蛾)、蝗虫、蜻蜓、水甲虫和铜绿丽金龟]、番石榴叶和草样为研究对象，主要研究了 PFRs 在两栖蛙类中的性别差异性累积、组织分布及子代传递特征，探究了不同栖息环境和摄食习性对昆虫中 PFRs 累积的影响以及变态发育对 PFRs 在昆虫体内富集的影响；此外，还调查了 PFRs 在植食性昆虫体内的生物放大行为。

第 2 章　PFRs 与 PFRs 代谢产物的实验分析方法

2.1　高脂肪大样本量中 PFRs 分析方法的建立

针对高脂肪大样本量中 PFRs 分析，本书采用冷冻除脂-固相萃取和 GC-MS 分析法。该方法分析的 PFRs 目标物共 12 种，包括 TEP、TiPP、TnPP、TNBP、TCEP、TCIPP、TDCIPP、TBOEP、TPHP、EHDPHP、TEHP 和 TCrP。

2.1.1　方法步骤

考虑到 PFRs 物理化学性质的多样性以及在仪器分析前对生物样中脂肪处理要求高，本书综合课题组以前摸索的方法经验（谭晓欣，2016），在生物样品经二氯甲烷索氏提取后对其进行冷冻除脂，完成样品的初步净化工作。鱼肉的脂肪含量一般在 15%左右（按净重计算），主要由磷脂和三酰基甘油酯组成（Cejas et al.，2003）。如前所述，传统的皂化等强酸或强碱处理方法会破坏 PFRs 结构，不适用于生物样中脂肪的去除。根据三酰基甘油酯熔点低的特点，本书拟用冷冻使脂肪析出并沉淀分离的方法去除样品中的脂肪。由于脂类在非极性溶剂如二氯甲烷中有很高的溶解度，如果直接将二氯甲烷的萃取液进行冷冻，在室温下收集上清液的话，脂质会在非极性溶剂中重新溶解；因此，需要将之前的萃取溶剂（DCM）浓缩尽干，再使用对脂质溶解度较低的有机溶剂进行冷冻除脂步骤。该方法的具体步骤如下：

在 2 g 干燥、匀质化的鲶鱼肌肉（湿重约为 8.8 g）中加入 12 种 PFRs 分析物（各 100 ng）和替代内标（各 100 ng），样品在无污染通风橱中静置过夜。

用 200 mL 二氯甲烷样品进行索氏抽提 24 h。提取液经旋转蒸发，浓缩至 1～2 mL，转移到 10 mL 离心管中。在温和的氮气流下，将其浓缩至尽干，再重新加入极性有机溶剂用于冷冻除脂。样品在 −20 ℃的冰箱中冷冻 2 h，大多数脂质以絮状或成块凝聚状的形式沉淀在试管底部。样品取出后立即收集其上层清液，以防止脂质溶化；为提高目标物回收率，重复进行两次冷冻除脂步骤。收集的上清液转移至盛有 300 mL 超纯水的圆底烧瓶中，经固相萃取 Oasis HLB 小柱(200 mg, 6 mL)净化。固相萃取净化过程中，Oasis HLB 小柱先依次用 4 mL 乙酸乙酯、4 mL 甲醇和 4 mL 超纯水进行活化；装载样品后，让其在缓和的氮气流下干燥 20 min 左右，再用 8 mL 乙酸乙酯进行洗脱。接下来，用无水硫酸钠和 200 mg Z-Sep/C18(1 ∶ 1)分散剂去除洗脱液中的残留水分和残留油脂。最后，氮吹至尽干，使用正己烷定容 200 μL 中，再加入 TCEP-d12 和 TDCIPP-d15(各 100 ng，作为回收率指示物)，进样分析。

本方法主要比较了 3 种用于冷冻除脂的极性有机溶剂(乙酸乙酯、甲醇和乙腈)的实验性能；探究了不同有机溶剂体积，分别为 15 mL 和 30 mL 甲醇、15 mL 和 30 mL 乙腈(即溶剂与超纯水的体积比分别为 5%和 10%)对实验效果的影响。参数优化过程中，每组样品设置 3 个平行样。

2.1.2 实验参数优化

当乙酸乙酯用于冷冻除脂时，温度升高，油脂仍能迅速溶解。因此，后续实验只对甲醇和乙腈进行优化选择。如表 2.1 和表 2.2 所示，当甲醇和乙腈用于冷冻除脂时，大于 80%的脂肪在冷冻过程中除去，PFRs 目标物(TEP 除外)没有明显的损失(回收率大于 80%)。当甲醇/超纯水的体积分数为 5%(即使用 15 mL 甲醇)时，冷冻处理的脂肪去除效率最高，可达 97%，平均值为 94%。结果显示，不同溶剂体积下，PFRs 目标物的回收率都没有显著的差异，故本研究选用了 5%的甲醇体积用于冷冻除脂过程。

经冷冻除脂后，有些样品中脂肪含量仍高达 20%，无法进行 GC-MS 分析。本方法采用 Oasis HLB 小柱和 Z-Sep/DSC18 混合分散剂(200 mg，1 ∶ 1)对样品进行了再次净化。HLB 小柱已被广泛用于沉积物和水样中的 PFRs

表 2.1　冷冻除脂法对鱼肉样品的脂肪去除率

	体积分数/%	样品质量/(干重,g)	萃取脂肪/g	冷冻脂肪/g	去除率/%
甲醇/超纯水	5%—1	2.0	0.37	0.35	95
	5%—2	2.0	0.33	0.32	97
	5%—3	2.0	0.30	0.27	90
	10%—1	2.0	0.34	0.28	82
	10%—2	2.0	0.30	0.25	83
	10%—3	2.0	0.32	0.27	84
乙腈/超纯水	5%—1	2.0	0.30	0.25	83
	5%—2	2.0	0.32	0.27	84
	5%—3	2.0	0.33	0.25	76
	10%—1	2.0	0.32	0.30	94
	10%—2	2.0	0.29	0.24	83
	10%—3	2.0	0.31	0.25	81

表 2.2　不同溶剂和不同溶剂体积下 PFRs 的回收率

目标物	甲醇/超纯水		目标物	乙腈/超纯水	
	5%	10%		5%	10%
TEP	—	—	TEP	—	—
TiPP	51±6.0	59±9.8	TiPP	55±5.9	30±4.0
TnPP	91±2.0	83±5.6	TnPP	105±13	89±17
TNBP	112±8.4	123±8.9	TNBP	121±15	115±13
TCEP	68±1.5	59±13	TCEP	65±10	48±12
TCIPP	105±14	82±13	TCIPP	115±14	107±14
TDCIPP	107±12	102±16	TDCIPP	100±4.3	92±8.2
TBOEP	103±13	114±10	TBOEP	107±16	100±10
TPHP	108±0.80	104±12	TPHP	102±4.1	96±4.8
EHDPHP	108±12	98±19	EHDPHP	92±3.6	89±6.7
TEHP	62±3.5	49±12	TEHP	48±9.9	47±14
TCrP	110±6.1	107±19	TCrP	103±5.6	94±9.3

注：—表示数据不可用。

分析处理，具有良好的基质去除效果和目标物回收率（Gao et al.，2014；Tan et al.，2016）。固相分散萃取法（d-SPE）是一种有效去除油脂的方法（Kim et al.，2011；Rajski et al.，2013）。Z-Sep 和 C18 已用于食品（Xu et al.，2015）和鸡蛋（Zheng et al.，2014）中的 PFRs 分析处理，具有满意的基质去除效果。但对于高脂含量的样品，一般需要大量使用这种昂贵的吸附剂才能起到好的净化作用。为了减少吸附剂的使用量，本方法将在冷冻除脂和 HLB 小柱处理后，再用 d-SPE 吸附剂对样品进一步净化。最终，分析样品达到了 GC-MS 分析要求，样品中目标分析物的 SIM 色谱图如图 2.1 所示。

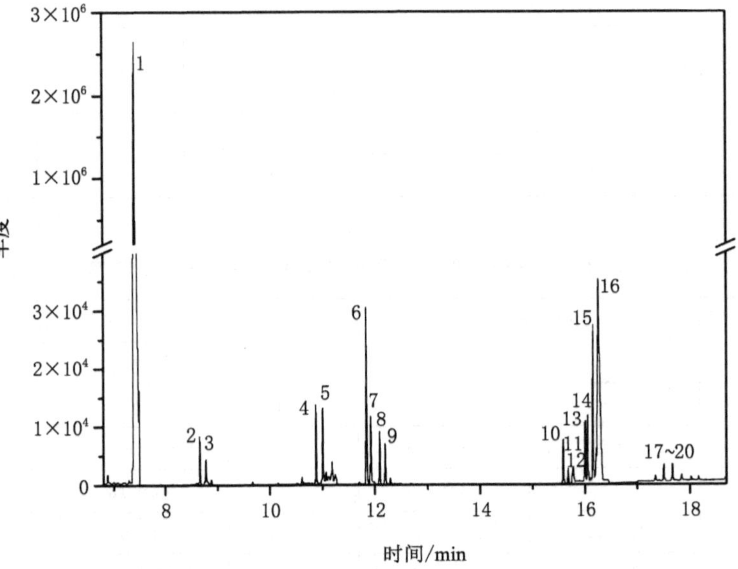

1—TiPP；2—TnPP-D21；3—TnPP；4—TNBP-d27；5—TNBP；6—TCEP-d12；7—TCEP；8—TCIPP-d18；9—TCIPP；10—TDCIPP-d15；11—TDCIPP；12—TBOEP；13—TPHP-d15；14—TPHP；15—EHDPHP；16—TEHP；17～20—TCrP1-4。

图 2.1　加标鱼样的 SIM 图

2.1.3　与传统层析色谱柱法的比较

如前所述，水溶液加压液相萃取和固相微萃取（Gao et al.，2014）、在线湍流色谱分析（Giulivo et al.，2016）、基质固相分散技术（Campone et al.，

2010)、凝胶渗透层析柱和硅胶柱净化(Ma et al.,2013)等方法已被用于生物中 PFRs 的分析处理。这些方法具有满意的结果和合适的回收率、准确性或检测限度,但是,这些方法要么耗时较多要么需要使用大量的有机溶剂去除脂肪。由于设备要求和实验室条件的限制,我们只对常规的层析色谱柱处理方法与本研究方法进行了比较。传统的层析色谱柱是为了消除共同提取的干扰脂质,其通常包括 GPC 柱(Ma et al.,2013;Sundkvist et al.,2010)以及氧化铝、弗罗里硅土、二氧化硅和/或这三种材料组合(Leonards et al.,2011)的复合层析柱。

本书用于对比的常规层析色谱柱包括 GPC 柱和复合层析柱。GPC 柱由 40 g SX-3Bio-Beads(Bio-Rad Laboratories,Hercules,CA,USA)材料填装而成。复合层析柱内径为 1 cm,由中性硅胶、氧化铝和弗罗里硅土(分别为 6 cm、10 cm 和 5 cm)填充而成。索氏抽提后,提取液浓缩至 1 mL 过 GPC 柱,柱子用二氯甲烷/正己烷(1∶1,体积比)洗脱油脂,收集第 80～150 mL 含 PFRs 的洗脱液,浓缩至 1～2 mL。提取物再用多层复合层析柱进一步纯化,用 40 mL 乙酸乙酯洗脱目标物。最后,样品经浓缩、定容,加替代内标后进机分析。此处层析色谱柱处理方法是在本课题组之前的研究基础(谭晓欣,2016)上直接使用的。

我们总共测试分析了 6 个 2 g 的加标鱼样(加标浓度为 500×10^{-9})。3 个样品用本书建立的冷冻除脂-固相萃取法处理,另外 3 个用如前所述的常规的层析色谱柱法处理。经两种方法处理的样品情况和仪器分析谱图如图 2.2 所示。可以看出,经层析色谱柱处理的样品最终颜色呈淡黄色,在 −20 ℃保存后可以发现明显的脂质颗粒,而经本研究方法处理的样品几乎无色透明。显然,冷冻除脂-固相萃取法的脂肪去除效率高于常规层析色谱柱法。进样色谱图进一步证实了这一点。与常规层析色谱柱法相比,本研究方法的 TIC 基线在第 10～17 min 范围内明显较低。此外,经冷冻除脂-固相萃取法处理的样品在仪器分析过程中,仪器保持稳定。然而,经层析色谱柱处理的样品在仪器分析时存在严重的基质干扰,色谱柱受到污染。另一方面,本研究方法对绝大多数 PFRs 目标物都具有良好的回收率,范围为 59%±2.8%至 113%±5.9%;4 个替代内标的回收率在 73%±11%和 96%±4.5%之间,与优化参数过程的实验结果相似,证实了该方法良好的稳健性和重现性。而常规层析色谱柱法对 PFRs 的回收率为 19%～167%,4 个内标的回收率为 52%±4.4%至 227%±60%。内标 TCIPP-d18 和 TPHP-d15 的回收率均超过 200%,表明基质干扰严重。

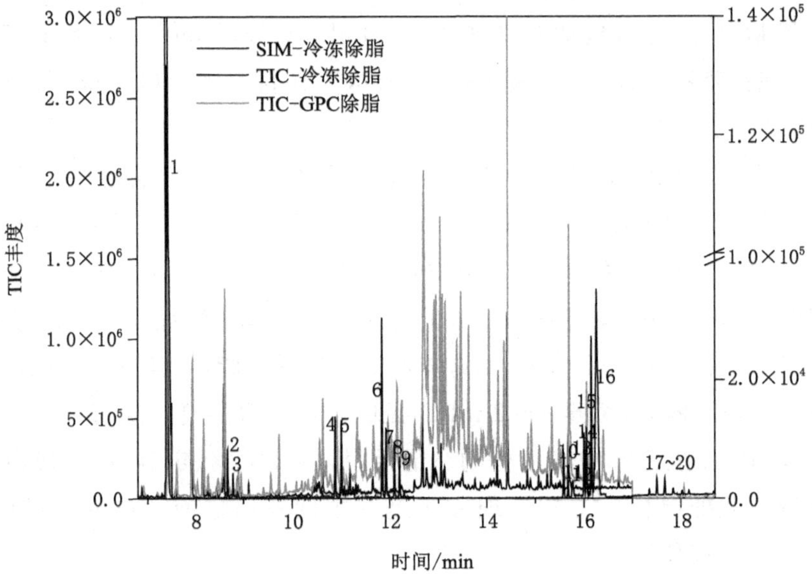

图 2.2　加标处理鱼样仪器分析谱图(TIC 表示总离子谱图,SIM 表示选择离子谱图)

综合课题组以前方法(谭晓欣,2016)可以发现,无论层析柱为何种填料(如氧化铝、弗罗里硅土、二氧化硅和/或这三种材料的组合),都不能轻易实现脂肪与 PFRs 的良好分离。此外,为了从层析柱中洗脱 PFRs,需要用二氯甲烷或乙酸乙酯作为洗脱溶剂,从而导致脂肪同目标物一起流出。当然,此处用来对比的常规层析色谱柱法的实验效果差也可能是没有达到最优实验条件造成的。但是,总的来说,冷冻除脂-固相萃取法能有效地从生物提取物中去除脂肪,适用于多量的高脂肪大样本量中 PFRs 分析。该方法消耗的有机溶剂较少,对实验设备及仪器要求较低。

2.1.4　方法验证及应用

通过一式三份的基质加标($n=3$)和空白加标($n=3$)验证了该方法的有效性。2 g 干燥的鱼肉样品中加入 100 ng 替代内标和 40 ng PFRs 标准品，按照如前所述的实验流程进行样品提取、净化和分析。表 2.3 列出了标曲的线性范围、相关系数、方法检测限(MDLs)和方法定量限(MQLs)，以及 PFRs 在加标样品中的回收率。

4 种替代内标的回收率在空白样品中的范围为(90±8.1)%至(106±3.5)%，在加标鱼样中的范围为(75±5.3)%至(97±12)%。PFRs 的回收率在加标空白样品中为(73±0.11)%至(107±1.1)%，在加标鱼样中为(56±3.2)%至(108±7.4)%。平行样中各分析物的相对标准偏差小于 15%。不足的是，使用本研究方法在加标空白或鱼样样品中均未检测到 TEP。由于 TEP 的挥发性强，实验处理过程中溶剂蒸发造成其显著损失(van den Eede et al.，2011)，因此本研究方法无法准确定量 TEP。此外，TiPP 的回收率相对较低，也可能是由这一原因造成的(van den Eede et al.，2011)。研究中用 10 个浓度梯度的 PFRs 标准品测定了气相色谱质谱法中目标物的线性度，结果显示 12 种 PFRs 均具有良好的线性拟合度，相关系数(R^2)为 0.991 3～0.999 8。此外，MDLs 为 0.004～0.059 ng/g，MQLs 为 0.021～0.55 ng/g。只有少量的 TCEP 和 TCrP 在程序空白中被检出，残留量分别为 0.33 ng/mL 和 0.54 ng/mL。

综上，冷冻除脂-固相萃取法是一种有效的 PFRs 分析方法，具有良好的准确性和重现性。

为了检验该方法的适用性，我们检测了少许采自珠江三角洲河流的清道夫、罗非鱼、鲮鱼和鲶鱼中的 PFRs 污染物。所有样本均有检测到 PFRs，以脂肪归一化浓度表示，如表 2.4 所示。PFRs 的总浓度为 136～475 ng/g lw，其中，TnPP、TNBP、TEHP、TCEP 和 TPHP 为主要污染物，其浓度分别为 15.1～255 ng/g lw、11.7～94.6 ng/g lw、12.7～96.1 ng/g lw、6.11～19.5 ng/g lw 和 16.3～85.0 ng/g lw，显示出该区域水体污染的严重性。

表 2.3　标曲的线性范围、相关系数、方法检出限(MDLs)和方法定量限(MQLs)以及 PFRs 在加标样品中的回收率

序号	分析物	标曲的线性范围 /(ng/mL)	R^2	(回收率±标准偏差)/%			MQL /(ng/g)	MDL /(ng/g)
				本研究方法		常规层析色谱柱法		
				空白加标	鱼样加标	加标鱼样		
1	TiPP	2.0～2 000	0.998 5	78±5.7	56±3.2	67±2.7	0.039	0.012
2	TnPP	2.0～2 000	0.999 1	107±1.1	108±7.4	93±13	0.095	0.029
3	TNBP	2.0～2 000	0.995 8	106±0.13	92±2.3	40±10	0.051	0.015
4	TCEP	2.0～2 000	0.994 2	95±2.6	80±5.2	111±5.8	0.34	0.010
5	TCIPP	2.0～2 000	0.999 8	94±1.2	95±1.9	105±12	0.55	0.004
6	TDCIPP	2.0～2 000	0.999 0	105±3.5	89±6.3	42±8.6	0.154	0.046
7	TBOEP	2.0～2 000	0.991 3	93±2.8	90±1.5	19	0.074	0.022
8	TPHP	2.0～2 000	0.999 7	105±0.74	106±1.8	111	0.043	0.013
9	EHDPHP	2.0～2 000	0.998 2	75±0.92	101±2.4	167	0.021	0.006
10	TEHP	2.0～2 000	0.998 6	73±0.11	63±6.0	22	0.027	0.008
11	TCrP	2.0～2 000	0.999 7	79±1.6	83±3.5	121	0.198	0.059
12	TnPP-d21			97±2.7	75±5.3	52±4.4		
13	TNBP-d27			103±6.7	96±11	89±10		
14	TCIPP-d18			106±3.5	97±12	227±60		
15	TPHP-d15			90±8.1	84±7.8	160±7.0		

表 2.4　珠江三角洲地区少数鱼样中的 PFRs 浓度

单位:ng/g lw

样品	TEP	TiPP	TnPP	TNBP	TCEP	TCIPP	TDCIPP	TBOEP	TPHP	EHDPHP	TEHP	TCrP	$\sum$PFRs
中堂清道夫	ND	3.82	47.0	11.7	13.5	ND	ND	7.06	42.3	ND	14.6	ND	140
	ND	4.66	57.5	13.7	19.5	ND	3.79	ND	63.4	ND	12.7	ND	175
	ND	5.94	68.1	17.6	18.3	ND	ND	ND	85.0	ND	13.9	ND	209
石滩罗非	ND	3.85	187	42.6	ND	ND	ND	8.10	16.3	ND	62.8	ND	321
	ND	7.34	255	31.9	ND	ND	ND	22.9	32.3	ND	83.6	ND	433
	ND	7.76	200	94.6	ND	ND	ND	22.4	54.4	ND	96.1	ND	475
石滩鲶鱼	ND	4.43	15.1	22.2	6.34	ND	ND	1.19	19.3	6.95	56.3	10.3	142
	ND	4.79	16.0	22.4	6.11	ND	ND	9.46	20.3	5.12	52.8	9.66	147
	ND	4.75	16.8	22.4	6.33	ND	ND	ND	19.2	4.26	53.7	8.71	136
高明鲮鱼	ND	13.8	73.3	91.3	ND	23.5	ND	4.69	ND	ND	78.2	ND	285
	ND	15.0	73.8	65.4	ND	28.9	ND	9.38	ND	ND	93.2	ND	286
	ND	18.8	70.5	61.3	6.51	26.3	ND	7.88	ND	7.25	88.2	ND	287

注:ND 表示未有检出。

2.2 小样本量中 PFRs 及其代谢产物分析方法

2.2.1 小样本量中 PFRs 分析方法

针对小样本量中 PFRs 分析，本书采用超声提取-固相萃取和 LC-MS/MS 分析法，分析的目标化合物共 15 种，包括 TEP、TNBP、TCEP、TCIPP、TDCIPP、TBOEP、TPHP、EHDPHP、TEHP、TCrP、V6、iDDPHP、RDP、BDP 和 TDBPP。该方法主要参考 2019 年 Christia 等发表的文献，具体实验流程如下：

(1) 称取 100～200 mg 干重的生物样品，加入内标混合物(最终 PFRs 内标浓度为 500 ng/mL)后，加入 2.5 mL 乙腈-甲苯(体积比，9∶1)混合液，涡旋 1 min，超声 5 min，再离心 3 min(转速为 3 000 r/min)，转移上清液，重复该提取步骤两次。

对于高脂肪生物样品，萃取液首先使用 200 mg 分散固相萃取剂(C18 和 Z-Sep 吸附剂各 100 mg)进行初步净化。分散剂净化具体操作为：先将 5 mL 提取液浓缩至 2～3 mL，加入分散剂，涡旋 30 s，静置，转移上清液，加入两滴管乙腈-甲苯混合液(体积比，9∶1)清洗，静置，转移并合并上清液。

(2) 将提取液浓缩至接近干燥状态，重新溶解于 1 mL 正己烷(n-Hex)中，并转移至 Florisil 小柱(500 mg，6 mL)进行净化(Florisil 小柱预先依次用 4 mL 丙酮、6 mL 乙酸乙酯和 6 mL 正己烷淋洗，注意在淋洗完乙酸乙酯后需将小柱内溶剂挤尽，再加正己烷，在上样之前应保持小柱填料湿润，正己烷刚好流过填料最上层为佳)。盛样品的试管用 1 mL n-Hex 洗涤。

(3) 先用 12 mL 正己烷-二氯甲烷混合液(体积比，4∶1)冲洗小柱(舍弃)，然后用 10 mL 升 EtAC 和 8 mL ACE 洗脱，以获得目标化合物。最终，经氮吹浓缩处理后，以甲醇定容至 100 μL，并加入 TAP 作为回收率指示物，采用 LC-MS/MS 进行检测分析。

2.2.2 PFRs 代谢产物分析方法

本书分析的 PFRs 代谢产物共 13 种，包括 BCEP、BCIPP、4-HO-DPHP、

DNBP、BDCIPP、DPHP、BBOEP、BCIPHIPP、EHPHP、BBOEHEP、TBOEP-OH、TPHP-OH 和 5-HO-EHDPHP。分析方法主要参考 2019 年 Tang 等发表的文献，具体实验流程如下：

称取约 100 mg 样品，加入内标混合物（最终内标浓度为 50 ng/mL）后，使用 2 mL 甲醇提取。首先将混合液涡旋 2 min，超声 30 min，然后以 3 000 r/min 离心 5 min，转移上清液，重复提取 2 次。高脂肪样品可用分散固相萃取剂净化。将萃取液氮吹浓缩，使用超纯水-甲醇混合液（1∶1，V/V）定容至 150 μL。最后，提取液经 0.2 μm 过滤装置离心过滤，LC-MS/MS 分析。

2.3　仪器分析

本书使用岛津 GC-MS 和安捷伦 6410 LC-MS/MS 分析检测了 PFRs；使用安捷伦 6460 LC-MS/MS 分析检测 PFRs 代谢物（包括磷酸二酯类和羟基类化合物）。具体仪器相关参数如下所述：

（1）岛津 GC-MS（检测 12 种 PFRs）

离子源：电子轰击离子源。

柱子型号：Agilent J&W DB-5 柱（30 m×0.25 mm×0.25 μm）。

程序升温：初始温度为 70 ℃，保持 2 min，以 15 ℃/min 升至 300 ℃，保持 10 min。

离子源温度为 230 ℃，进样体积 1 μL。

（2）安捷伦 6410 LC-MS/MS（检测 15 种 PFRs）

离子源：电喷雾电离源。

柱子型号：Phenomenex Kinetex Biphenyl 反相柱（2.1×100 mm×2.6 μm；Torrance，CA，USA）。

柱温：40 ℃。

流动相：（A）超纯水＋5 mmol/L 甲酸铵；（B）甲醇＋5 mmol/L 甲酸铵。

流动相梯度：30%（B）在第 5 min 时增加到 70%（B），20 min 时达到 100%，保持 5 min，最后恢复到初始条件[30%（B）]，平衡 10 min。

每个样品的进样时间为 35 min，流速为 0.25 mL/min，进样体积为 5 μL。

（3）安捷伦 6460 LC-MS/MS（检测 PFRs 代谢物）

离子源：电喷雾电离源。

柱子型号：Phenomenex Kinetex Biphenyl 反相柱（2.1×100 mm×2.6 μm；Torrance，CA，USA）。

流动相：（A）超纯水＋2％甲醇＋5 mmol/L 乙酸铵；（B）甲醇＋2％超纯水＋5 mmol/L 乙酸铵。

流动相梯度：5％（B）在第 3.5 min 时增加到 50％，在 7.5 min 时增加到 65％，在 9.5 min 时达到 97％，保持 4 min，最后恢复到初始条件[5％（B）]，平衡 3.5 min。

每个样品的进样时间为 17 min，流速为 0.35 mL/min，进样体积为 5 μL。

各化合物相关仪器参数见表 2.5 和表 2.6。

表 2.5　GC-MS 检测的各化合物参数

缩写	保留时间/min	定性离子	定量离子	对应内标
TEP	6.42	155	127	TnPP-d21
TiPP	7.167	125	183	TnPP-d21
TnPP	9.087	183	123	TnPP-d21
TNBP	11.38	211	155	TNBP-d27
TCEP	12.307	249	251	TCIPP-d18
TCIPP	12.553	277	279	TCIPP-d18
TDCIPP	16.043	381	379	TCIPP-d18
TBOEP	16.41	199	299	TPHP-d15
TPHP	16.523	326	325	TPHP-d15
EHDPHP	16.613	251	362	TPHP-d15
TEHP	16.697	99	113	TPHP-d15
TCrP	17.853～18.437	368	367	TPHP-d15
TnPP-d21	8.957	151	199	ISTD
TNBP-d27	11.233	103	231	ISTD
TCIPP-d18	12.443	164	293	ISTD
TPHP-d15	16.47	341	339	ISTD
TCEP-d12	12.223	261	213	RSTD
TDCIPP-d15	15.943	197	394	RSTD

表 2.6　LC-MS/MS 检测的各化合物参数

缩写	英文全称	离子对	扫描	类型	前级离子	产物离子	保留时间/min	离子极性	对应内标
TEP	Triethyl phosphate	183.1->99.0	MRM	目标化合物	183.1	99	8.629	正	TCEP-d12
TCEP	Tris(2-chloroethyl) phosphate	285.0->63.0	MRM	目标化合物	285	63	10.456	正	TCEP-d12
TCIPP	Tris(chloro-2-propyl) phosphate	327.1->99.0	MRM	目标化合物	327.1	99	12.201	正	TDCIPP-d15
TNBP	Tri-n-butyl phosphate	267.2->99.0	MRM	目标化合物	267.2	99	13.97	正	TNBP-d27
TDCIPP	Tris(1,3-dichloro-2-propyl) phosphate	432.9->99.0	MRM	目标化合物	432.9	99	13.815	正	TDCIPP-d15
TPHP	Triphenyl phosphate	327.0->77.0	MRM	目标化合物	327	77	15.151	正	TPHP-d15
TBOEP	Tris(2-butoxyethyl) phosphate	399.3->299.2	MRM	目标化合物	399.3	299.2	15.657	正	TPHP-d15
EHDPHP	2-ethylhexyl diphenyl phosphate	363.2->251.0	MRM	目标化合物	363.2	251	17.757	正	TPHP-d15
TCrP	Tri-cresyl phosphate	369.2->165.0	MRM	目标化合物	369.2	165	18.072	正	TPHP-d15
TEHP	Tris(2-ethylhexyl) phosphate	435.4->99.0	MRM	目标化合物	435.4	99	20.867	正	TPHP-d15
V6	2,2-bis(chloromethyl)-propane-1,3-diyltetrakis(2-chloroethyl) biphosphate	582.9->360.9	MRM	目标化合物	582.9	360.9	13.872	正	TDCIPP-d15
iDDPHP	Isodecyl diphenyl phosphate	391.2->251.0	MRM	目标化合物	391.2	251	18.922	正	TPHP-d15
RDP	Resorcinol bis(diphenylphosphate)	592.1->575.0	MRM	目标化合物	592.1	575	19.706	正	TPHP-d15
BDP	Bisphenol A-bis (diphenyl phosphate)	710.1->367.0	MRM	目标化合物	710.1	367	23.092	正	TPHP-d15
TDBPP	Tris(2,3-dibromopropyl) phosphate	698.5->99.0	MRM	目标化合物	698.5	99	16.817	正	TPHP-d15
TCEP-d12		297.1->67.0	MRM	ISTD	297.1	67	10.364	正	
TDCIPP-d15		446.0->102.0	MRM	ISTD	446	102	13.642	正	
TNBP-d27		294.0->102.0	MRM	ISTD	294	102	13.744	正	
TPHP-d15		342.3->82.0	MRM	ISTD	342.3	82	14.967	正	
TAP		309.0->99.0	MRM	RSTD	309	99	16.000	正	
BCEP	Bis(chloroethyl) phosphate	221.0->35.0	MRM	目标化合物	221	35	0.967	负	BCEP-d8
BCIPP	Bis(1-chloro-2-propyl) phosphate	249.0->35.0	MRM	目标化合物	249	35	2.387	负	BDCIPP-d10

表 2.6(续)

缩写	英文全称	离子对	扫描	类型	前级离子	产物离子	保留时间/min	离子极性	对应内标
4-HO-DPHP	4-Hydroxyphenyl phenyl phosphate	265.0—>93.0	MRM	目标化合物	265	93	2.64	负	DPHP-d10
DNBP	Di-n-butyl phosphate	209.0—>78.9	MRM	目标化合物	209	78.9	3.342	负	DPHP-d10
BDCIPP	Bis(1,3-dichloro-2-propyl) phosphate	317.0—>35.0	MRM	目标化合物	317	35	3.806	负	BDCIPP-d10
DPHP	Diphenyl phosphate	249.0—>93.0	MRM	目标化合物	249	93	3.836	负	DPHP-d10
BBOEP	Bis(2-butoxyethyl) phosphate	297.0—>79.0	MRM	目标化合物	297	79	4.747	负	BBOEP-d4
BCIPHIPP	1-Hydroxy-2-propyl bis(1-chloro-2-propyl) phosphate	309.0—>99.0	MRM	目标化合物	309	99	5.747	正	TCEP-d12
EHPHP	2-Ethylhexyl phenyl phosphate	285.0—>93.0	MRM	目标化合物	285	93	5.937	负	TCEP-d12
BBOEHEP	2-Hydroxyethyl bis(2-butoxyethyl) phosphate	343.0—>45.0	MRM	目标化合物	343	45	7.779	正	BBOEHEP-d4
TBOEP-OH	Bis(2-butoxyethyl)3'-hydroxy-2-butoxyethyl phosphate	415.0—>45.0	MRM	目标化合物	415	45	9.008	正	TBOEP-d6
TPHP-OH	3-and 4-Hydroxyphenyl diphenyl phosphate	341.0—>249.0	MRM	目标化合物	341	249	9.234	负	TPHP-d15
5-HO-EHDPHP	2-Ethyl-5-hydroxyhexyl diphenyl phosphate	379.0—>251.0	MRM	目标化合物	379	251	9.532	正	TPHP-d15
TPHP-d15		342.0—>82.0	MRM	ISTD	342	82	9.769	正	
TBOEP-d6		405.0—>47.0	MRM	ISTD	405	47	9.882	正	
BCEP-d8		229.0—>35.0	MRM	ISTD	229	35	0.695	负	
BDCIPP-d10		327.0—>35.0	MRM	ISTD	327	35	3.747	负	
DPHP-d10		259.0—>98.0	MRM	ISTD	259	98	3.784	负	
BBOEP-d4		301.0—>79.0	MRM	ISTD	301	79	4.738	负	
TCEP-d12		297.0—>102.0	MRM	ISTD	297	102	5.966	正	
BBOEHEP-d4		347.0—>247.0	MRM	ISTD	347	247	7.759	正	

2.4　质量保证与质量控制

质量保证和质量控制贯穿了样品采集、运输、保存、化学前处理和仪器分析整个过程。我们对样品进行单独密封式保存，低温条件下运输，并及时冷冻储存。在采样、储存、样品前处理过程中，不使用塑料或橡胶材料，以尽量减少对样品的污染。所有玻璃器皿在 450 ℃下焙烧 4 h，然后用丙酮、二氯甲烷和正己烷依次淋洗，备用。

在确定每种不同类型样品的前处理分析方法前，通过分析一式三份平行的程序空白样、加标空白样、未加标样品和加标样品来保证方法和数据的可靠性和准确性。在加标样品和加标空白样品中，PFRs 的回收率范围分别为 65%～108%和 73%～107%，PFRs 代谢物（BCEP 除外）的回收率范围分别为 68%～118%和 71%～118%。平行样中目标分析物的相对标准偏差都低于 15%。在样品分析处理过程中，每批样品（$n=12$）设置一个程序空白样，最终样品的计算浓度均经空白校正。所有测试样品在进行提取前均加入替代内标，在仪器检测前均加入回收率指示物。在所有样品中，用于 PFRs 分析的 6 种替代内标的回收率分别为（75±14）%（TnPP-d21）、（96±11）%（TNBP-d27）、（103±12）%（TCIPP-d18）、（79±6.2）%（TPHP-d15）、（92±12）%（TCEP-d12）、（90±15）%（TDCIPP-d15）；用于 PFRs 代谢物分析的 8 种替代内标的回收率分别为（98±9）%（BDCIPP-d10）、（102±20）%（DPHP-d10）、（98±25）%（BBOEP-d4）、（92±20）%（TBOEP-d6）、（89±12）%（TPHP-d15）、（42±18）%（BCEP-d8）、（79±12）%（TCEP-d12）、（79±12）%（BBOEHEP-d4）。

对空白样品中能检测到的分析物，方法检出限定义为空白样中目标分析物的平均值加上 3 倍标准偏差。对空白样品中不能检测到的分析物，方法检出限定义为能产生 10 倍最低浓度标曲对应信噪比的浓度。以 2 g 干重的生物样品，定容体积为 200 μL 计算，PFRs 在 GC-MS 的检出限为 0.013～0.81 ng/g。以 0.2 g 干重样品，定容体积为 100 μL 计算，PFRs 在 LC-MS/MS 的检出限为 0.005～2.5 ng/g。以 0.1 g 干重样品，定容体积为 100 μL 计算，PFRs 代谢物在 LC-MS/MS 的检出限为 0.004～1.6 ng/g。

2.5 本章小结

本章针对高脂肪大样本量中PFRs分析，建立了冷冻除脂-固相萃取法；比较了3种溶剂（乙酸乙酯、甲醇和乙腈）用于冷冻除脂过程的实验性能，探究了不同溶剂体积15 mL和30 mL（即溶剂/超纯水的体积比为5%和10%）对实验效果的影响，并与传统色谱柱（包括GPC柱和复合层析柱）净化法进行了综合对比。此外，还建立了小样本量中PFRs及其代谢产物的分析方法。主要结论如下：

（1）以甲醇作为冷冻除脂溶剂，溶剂体积为15 mL（即溶剂/超纯水的体积比为5%）时，冷冻除脂-固相萃取法的实验结果最佳，平均脂肪去除率为94%，加标样品中12种PFRs目标物（除TEP外）的回收率范围为56%～108%，替代内标的回收率范围为75%～106%。该方法具有优良的脂肪去除率、准确性和稳健的可重复性，有效地解决了生物样品PFRs分析中脂肪难去除的瓶颈问题；适用于高脂肪大样本量的样品分析。

（2）超声提取-固相萃取法实验流程短，简单快捷，可实现小样本量中PFRs和塑化剂类化合物的同时分析。

第 3 章　珠江三角洲河流淡水鱼中 PFRs 的区域分布与种间差异

珠江三角洲位于中国广东省中南部、珠江入海口处，与东南亚地区隔海相望，是西江、北江共同冲积而成的大三角洲与东江冲积而成的小三角洲的总称，是放射形汊道的三角洲复合体。珠江三角洲地区包括广州、深圳、佛山、中山、惠州、东莞、珠海、江门、肇庆以及深汕特别合作区、香港特别行政区和澳门特别行政区，其总面积约为 5.6 万 km^2，总人口约为 5 616 万(2012 年常住)。珠江三角洲地区是具有全球影响力的先进制造业基地和现代服务业基地，是中国重要的农业、商业和工业化区域。随着工业的蓬勃发展，珠江三角洲地区已被报道成为 OCPs、HFRs、PCBs 及 PAHs 等各类有机污染物汇集的潜在高风险区域，尤其有部分地区的污染物含量处于世界范围的高值区(孙闰霞，2016；Chen et al.，2011，2013；Luo et al.，2004；Mai et al.，2005)。珠江三角洲地区以南亚热带季风气候为主，其高温多雨的气候特点有利于这些持久性有机污染物的长距离迁移(孙闰霞，2016；Eqani et al.，2013；Sun et al.，2014)。各种来源的污染物质通过地表径流和大气沉降等途径进入珠江水系、珠江河口及附近海域，造成水体环境质量日益恶化，生态平衡受到严重威胁和破坏。

目前，有关珠江三角洲地区 PFRs 的调查研究相对较少，且多集中于对沉积物和水体等非生物介质的研究。Tan 等(2016)调查了珠江三角洲地区沉积物中 PFRs 的污染状况，发现 PFRs 的浓度范围为 8.3～470 ng/g dw，城市地区和电子垃圾回收区的污染水平最高。Ma 等(2013)测量了来自珠江的少许鲶鱼和草鱼样品中的 PFRs 浓度，发现 TNBP、TCEP、TCIPP 和 TBOEP 为主要污染物，其总浓度高达 17 670 ng/g lw。本章以珠江三角洲主要河流段 3 种常见的淡水鱼为研究对象，旨在调查该地区淡水鱼类中 PFRs 的污染状况，为全面了解该地区 PFRs 污染提供基础数据。此外，还初步探究了 PFRs 在不同鱼类中的种间特异性累积特征，并评估了珠江三角洲河流沿岸居民食用水产品可能造成的 PFRs 健康风险。

3.1 样品采集和分析

3.1.1 样品采集

我们于 2014 年 7 月至 9 月在珠江三角洲地区主要河流段，包括东江、西江、珠江和北江的 18 个站点采集了 3 种具有代表性的常见淡水鱼类——鲮鱼、罗非鱼和清道夫，采样点位置如表 3.1 所示。总计 91 个组合样品，具体样品信息如表 3.1 所示。

表 3.1 珠江三角洲河网中 3 种淡水鱼的基本信息

物种	采样位置	站点	纬度	经度	*N*①	体长② /cm	体重 /g	脂肪 /%	食性	生境
鲮鱼	西江	X1	N23°02′47″	E112°28′14″	3(10)	18±1.0[b]	87±17	2.7±0.45	杂食性鱼类，以水藻、浮游植物和腐殖质等为食	底层
		X2	N22°52′08″	E112°55′25″	3(9)	21±1.0	175±67	3.0±0.85		
		X3	N22°28′16″	E113°13′37″	2(7)	20±1.8	160±62	2.7±0.62		
	北江	B1	N23°28′07″	E112°53′04″	3(8)	20±2.9	151±73	3.0±0.28		
		B2	N23°10′17″	E112°52′14″	3(6)	20±3.1	168±83	3.7±2.2		
		B3	N22°54′49″	E113°04′28″	3(10)	21±3.8	159±76	2.5±0.50		
		B4	N22°52′12″	E113°18′12″	3(12)	24±1.7	254±57	3.7±2.1		
		B5	N22°45′03″	E113°23′06″	2(6)	21±4.7	154±87	2.4±0.18		
	珠江	P2	N23°03′08″	E113°19′36″	5(25)	17±2.3	92±40	3.3±0.39		
	东江	D1	N23°06′12″	E113°53′48″	3(7)	19±3.3	129±70	2.0±0.89		
		D2	N23°10′48″	E113°47′36″	2(10)	20±1.7	187±63	2.8±0.89		
罗非鱼	西江	X2	N22°52′08″	E112°55′25″	2(7)	16±1.4	95±30	2.5±0.17	杂食性鱼类，以水藻、浮游生物和腐殖质等为食	底层
	北江	B1	N23°28′07″	E112°53′04″	2(6)	26±3.7	374±190	3.1±1.6		
		B3	N22°54′49″	E113°04′28″	3(6)	18±1.8	122±22	1.5±0.12		
	珠江	P2	N23°03′08″	E113°19′36″	5(10)	23±1.0	229±34	2.3±0.78		
		P3	N22°57′06″	E113°31′18″	3(7)	26±2.8	256±97	3.4±0.42		
	东江	D2	N23°10′48″	E113°47′36″	3(10)	20±3.1	194±94	1.9±0.09		
		D6	N23°04′08″	E113°30′18″	3(6)	20±0.98	294±64	0.96±0.26		
		D7	N22°52′18″	E113°33′24″	3(6)	25±1.0	366±79	1.8±0.58		

表 3.1(续)

物种	采样位置	站点	纬度	经度	N①	体长② /cm	体重 /g	脂肪 /%	食性	生境
清道夫	西江	X1	N23°02′47″	E112°28′14″	3(6)	8.8±0.57	9.4±2.0	0.60±0.05	杂食性鱼类，以水藻和小型甲壳类等为食	底层
		X2	N22°52′08″	E112°55′25″	2(6)	25±2.5	209±26	1.1±0.02		
	北江	B3	N22°54′49″	E113°04′28″	2(6)	26±1.9	361±93	0.41±0.03		
	珠江	P1	N23°14′48″	E113°07′06″	2(30)	15±1.8	59±22	1.8±0.46		
		P2	N23°03′08″	E113°19′36″	3(10)	30±5.7	391±150	0.68±0.10		
		P3	N22°57′06″	E113°31′18″	3(6)	26±2.8	256±97	1.4±0.76		
	东江	D1	N23°06′12″	E113°53′48″	3(6)	26±1.0	228±17	2.9±0.93		
		D2	N23°10′48″	E113°47′36″	2(10)	28±3.2	267±67	1.4±0.58		
		D3	N23°05′54″	E113°39′18″	3(6)	26±3.6	261±95	2.5±0.42		
		D4	N23°06′18″	E113°35′06″	3(6)	27±0.23	244±14	1.9±0.76		
		D5	N23°05′06″	E113°37′08″	3(6)	25±1.0	233±50	3.1±0.38		
		D6	N23°04′08″	E113°30′18″	3(6)	22±2.3	238±85	2.2±0.36		
		D7	N22°52′18″	E113°33′24″	3(6)	29±2.0	384±39	1.7±0.66		

注：① 括号外的数字为组合样品数目，括号内的数字为样本个体数；

② 表示均值±标准偏差。

3.1.2　样品分析

本章珠江三角洲淡水鱼样中 PFRs 的分析采用的是冷冻除脂-固相萃取和 GC-MS 分析法，共检测了 12 种目标化合物，具体分析流程参照第 2 章内容。

3.2　淡水鱼中 PFRs 的浓度

在 91 个来自珠江三角洲主要河流段的组合鱼样中，TEP、TiPP、TnPP、TBOEP 均未检出，TCIPP、TEHP 均有检出，TNBP、TCrP、TCEP、EHDPHP、TPHP 和 TDCIPP 检出率分别 98%、95%、92%、89%、85% 和 44%。鲮鱼、罗非鱼和清道夫中总 PFRs 的浓度范围分别为 2.3～16 ng/g ww、3.4～16 ng/g ww 和 3.5～30 ng/g ww；其脂肪归一化的浓度范围分别为

50～829 ng/g lw、145～1 086 ng/g lw 和 133～2 321 ng/g lw。鱼样中的PFRs浓度与脂肪含量之间无显著相关性($p>0.05$)。但为了方便与以往的研究进行对比，本研究仍记录了样品中PFRs的脂肪归一化浓度。具体浓度见表3.2。

Ma等(2013)检测了来自广东省珠江流域的6条鲶鱼和8条草鱼中的PFRs，在所有样品中都检出了TNBP、TCEP、TCIPP和TBOEP，其浓度范围分别为43.9～2 950 ng/g lw、82.7～4 690 ng/g lw、62.7～883 ng/g lw和164～8 840 ng/g lw，这比本研究中的污染物浓度高一至两个数量级。Zhang等(2018)也调查了来自珠江三角洲河流的26个水生鱼类样品中的PFRs污染情况。其中，TNBP、TCEP和TCIPP为主要PFRs污染物，其浓度范围分别为ND～2.42 ng/g ww、ND～4.96 ng/g ww和ND～2.42 ng/g ww，与本研究水平相当。此外，据研究报道，马尼拉湾鱼样中的PFRs浓度为110～1 900 ng/g lw(Kim et al.，2011)，西班牙加特河流域鲤鱼中的PFRs浓度高达2 423 ng/g lw(Santín et al.，2016)，以及中国北京淡水鱼中的PFRs浓度为265～1 973 ng/g lw(Hou et al.，2017)。这些报道数据与本研究中珠江三角洲地区淡水鱼的污染水平相当。Giulivo等(2017)发现希腊埃夫罗塔斯河、意大利阿迪杰河和东欧萨瓦河鱼类中PFRs的浓度范围分别为34～56 ng/g lw、51～650 ng/g lw和14～196 ng/g lw。Leonards等(2011)和Choo等(2018)发现挪威沿海地区和韩国南部洛东河的鱼体中的PFRs浓度分别为10～436 ng/g lw和4.23～7.75 ng/g ww。McGoldrick等(2014)发现来自加拿大湖泊淡水鱼中PFRs的平均浓度为1.6 ng/g ww。Guo等(2017)发现五大湖鱼类中PFRs的几何平均浓度范围为11～97 ng/g lw。这些浓度均低于本研究中的浓度。此外，Sundkvist等(2010)发现瑞典沿海地区鲈鱼和鲤鱼中PFRs的浓度范围为1 600～11 000 ng/g lw，中位值为1 900 ng/g lw。Evenset等(2009)发现大西洋和极地鳕鱼中PFRs的浓度范围为170～14 820 ng/g lw。这两处鱼体中的PFRs污染物水平远高于本研究中珠江三角洲地区的淡水鱼。这些报告结果在一定程度上反映了不同国家和地区水生动物中PFRs污染水平的差异。当然，这可能会受到研究生物种类和体型差异的影响。

目前，已有研究报道了一系列持久性卤代有机污染物，如滴滴涕

表 3.2　珠江三角洲河网淡水鱼的 PFRs 浓度

单位：ng/g ww

	河流段	Site	N[①]	脂肪/%	TNBP	TCEP	TCIPP	TDCIPP	TPHP	EHDPHP	TEHP	TCrP	∑PFRs
检出率/%					98	92	100	44	85	89	100	95	
鲮鱼	西江	X1	3(10)	2.7±0.45	0.19±0.02	0.81±0.17	0.72±0.12	ND[②]	0.15±0.06	0.05±0.01	2.1±0.01	0.14±0.00	4.2±0.03
		X2	3(9)	1.9±0.98	0.39±0.27	0.92±0.80	2.9±1.3	ND	0.11±0.04	ND	0.68±0.27	0.09±0.05	5.1±2.2
		X3	2(7)	2.7±0.62	0.04±0.01	0.90±0.31	0.62±0.07	ND	0.07±0.01	0.05±0.01	6.7±0.15	0.21±0.09	8.6±0.63
	北江	B1	3(8)	3.0±0.23	0.91±0.04	1.8±0.22	1.7±0.48	0.03±0.02	0.34±0.16	0.09±0.08	5.0±1.6	0.11±0.05	10±2.1
		B2	3(6)	2.9±0.43	2.0±0.43	1.6±0.69	6.5±3.7	0.03±0.03	0.29±0.15	0.09±0.09	1.6±0.60	0.08±0.05	12±3.4
		B3	3(10)	1.6±0.28	1.7±0.65	1.8±0.26	2.8±2.0	0.06±0.02	0.18±0.11	0.13±0.12	3.9±1.2	0.08±0.06	11±3.4
		B4	3(12)	3.0±1.3	0.11±0.03	0.96±0.25	1.5±0.30	ND	0.03±0.03	ND	2.6±2.3	0.18±0.09	5.3±2.6
		B5	2(6)	2.5±0.16	1.4±2.0	2.2±0.69	1.3±3.0	ND	ND	0.46±0.23	3.9±0.67	0.22±0.31	9.5±0.44
	珠江	P2	5(25)	3.0±0.62	2.5±0.36	0.28±0.63	3.4±1.0	ND	2.3±0.18	0.14±0.05	2.7±1.4	0.38±0.07	12±2.2
	东江	D1	3(7)	2.3±0.78	0.55±0.35	0.99±0.12	1.5±0.19	0.04±0.01	3.3±1.4	0.43±0.13	1.5±0.66	2.0±0.17	10±2.8
		D2	2(10)	2.6±0.89	0.66±0.00	2.2±0.01	3.0±0.44	0.04±0.01	0.14±0.03	0.14±0.05	1.0±0.58	0.18±0.01	7.3±0.92
罗非鱼	西江	X2	2(7)	2.1±0.49	1.3±1.2	1.2±0.03	2.7±0.14	0.03±0.01	0.05±0.04	ND	4.4±1.4	ND	9.6±2.8
	北江	B1	2(6)	3.1±1.6	0.23±0.11	1.0±0.09	0.66±0.14	ND	0.20±0.16	0.07±0.03	9.0±2.9	0.10±0.05	11±3.0
		B3	3(6)	1.9±0.70	2.5±0.89	1.1±0.48	2.8±1.6	ND	ND	0.31±0.20	3.5±1.7	0.48±0.19	11±2.3
	珠江	P2	5(10)	2.3±0.78	0.40±0.31	1.3±0.76	1.6±1.4	ND	0.11±0.04	0.10±0.04	1.7±1.3	0.22±0.01	5.4±3.1
		P3	3(7)	2.6±1.8	0.37±0.11	2.0±0.41	1.1±0.07	0.02±0.01	0.31±0.07	0.26±0.09	7.4±4.2	0.23±0.01	12±4.5
	东江	D2	3(10)	1.9±0.09	0.33±0.28	1.8±0.33	2.9±0.56	ND	0.06±0.01	0.03±0.02	1.9±0.31	0.08±0.03	7.1±0.71
		D6	3(6)	1.4±0.48	0.67±0.12	0.52±0.13	0.82±0.10	ND	0.42±0.08	0.16±0.02	0.92±0.30	0.62±0.16	4.1±0.52
		D7	3(6)	1.8±0.38	1.5±1.0	1.0±0.17	1.3±0.13	ND	0.06±0.06	0.03±0.05	3.6±1.3	0.40±0.17	7.9±1.8

表 3.2(续)

	河流段	Site	N①	脂肪/%	TNBP	TCEP	TCIPP	TDCIPP	TPHP	EHDPHP	TEHP	TCrP	∑PFRs
检出率/%					98	92	100	44	85	89	100	95	
清道夫	西江	X1	3(6)	1.6±0.39	0.04±0.07	1.3±1.1	5.9±3.1	0.06±0.09	ND	0.24±0.11	3.2±0.84	0.33±0.17	11±4.9
		X2	2(6)	1.5±0.19	1.5±0.22	1.3±0.23	1.5±0.18	0.03±0.00	ND	0.05±0.02	9.1±1.5	ND	13±2.1
	北江	B3	2(6)	1.7±0.36	10±0.27	2.1±0.01	8.9±0.44	ND	ND	0.60±0.12	6.7±0.33	ND	29±1.2
	珠江	P1	2(30)	1.8±0.46	1.2±0.56	1.8±0.12	2.8±0.93	ND	1.4±0.14	0.07±0.03	7.4±2.2	0.50±0.15	15±0.9
		P2	3(6)	1.6±0.62	1.1±0.32	1.5±0.31	5.3±1.3	0.02±0.01	0.76±0.51	0.03±0.03	14±1.4	0.40±0.36	24±3.8
		P3	3(6)	1.4±0.76	0.11±0.11	1.5±0.43	0.95±0.25	ND	0.86±0.52	0.04±0.02	15±7.5	0.41±0.24	19±8.4
	东江	D1	3(6)	2.9±0.93	0.18±0.14	1.5±0.47	1.6±0.50	0.04±0.03	0.36±0.32	0.05±0.05	4.4±0.55	0.13±0.02	8.3±1.9
		D2	2(10)	1.7±0.11	0.68±0.50	1.6±0.03	2.9±0.71	ND	0.16±0.03	0.07±0.03	3.0±0.58	0.08±0.02	8.5±1.8
		D3	3(6)	2.5±0.42	0.43±0.08	0.54±0.09	0.82±0.17	0.02±0.01	1.3±0.44	0.07±0.03	0.91±0.30	0.39±0.15	4.5±1.0
		D4	3(6)	1.9±0.76	0.72±0.13	0.58±0.10	1.0±0.31	0.02±0.02	1.3±0.51	0.09±0.07	1.4±1.4	0.69±0.36	5.9±1.5
		D5	3(6)	2.3±0.91	0.73±0.07	1.4±1.3	1.2±0.38	ND	1.2±0.22	0.10±0.02	5.4±1.3	0.51±0.06	11±2.1
		D6	3(6)	2.0±0.77	0.15±0.08	1.1±1.5	0.75±0.04	0.02±0.01	0.80±0.16	0.06±0.03	5.1±0.43	0.77±0.27	8.8±0.66
		D7	3(6)	1.8±0.41	0.70±0.25	1.7±0.03	1.4±0.38	0.04±0.00	0.57±0.27	0.13±0.01	3.2±0.19	1.3±0.64	10±2.4

注:① 括号外的数字代表组合样品数,括号内的数字代表单个样品数;

② ND 表示未有检出。

(DDT)、六氯环己烷(HCHs)、PCBs、PBDEs、十溴二苯乙烷(DBDPE)、得克隆(DP)和 SCCPs 等在珠江三角洲地区淡水鱼中的污染状况(He et al.,2012;Sun et al.,2016a,2016b)(具体见表 3.3)。与这些卤代有机污染物相比,淡水鱼中 PFRs 的含量要明显低于 DDT(260～83 000 ng/g lw)和 SCCPs(210～21 000 ng/g lw),与 PCBs 水平相当(28～5 000 ng/g lw),但高于 HCHs(4.3～104 ng/g lw)、卤代阻燃剂 PBDEs(5.8～890 ng/g lw)、DBDPE(ND～485 ng/g lw)和 DP(ND～189 ng/g lw)。淡水鱼中的 PFRs 污染水平明显高于常规的卤代阻燃剂,说明该地区的 PFRs 污染问题不容小觑,尤其是近年来 PFRs 的使用量还在持续快速增长。

表 3.3　珠江三角洲河网淡水鱼中 PFRs 与其他 POPs 的浓度(平均值及范围)比较

单位:ng/g lw

	西江	北江	珠江	东江	参考文献
∑PFRs	517(50～809)	671(138～1 759)	864(145～2 321)	437(133～777)	本研究
∑DDTs	3 127(260～15 500)	998(440～2 500)	11 967(560～83 000)	1 728(461～9 600)	(Sun et al.,2016a)
∑HCHs	31(4.7～104)	21(4.3～101)	41(25～69)	21(5.7～39)	(Sun et al.,2016a)
∑PCBs	112(28～301)	639(55～4 500)	2 037(335～5 000)	439(135～820)	(Sun et al.,2016a)
∑PBDEs	61(6.3～199)	109(5.8～530)	330(51～890)	190(57～420)	(Sun et al.,2016a)
				131(34～830)	(He et al.,2012)
∑DBDPE	73(0.44～485)	1.9(0.10～8.8)	5.4(ND～22)	6.7(0.60～28)	(Sun et al.,2016a)
				31(ND～230)	(He et al.,2012)
∑DP	1.4(0.06～5.9)	5.1(0.02～49)	7.4(0.43～22)	3.0(0.39～9.2)	(Sun et al.,2016a)
				3.0(ND～189)	(He et al.,2012)
SCCPs			210～21 000		(Sun et al.,2016b)

注:ND 表示未有检出。

3.3　淡水鱼中 PFRs 的组成

尽管 PFRs 在鱼样中的组成具有一定的地点特异性和种间特异性,但从总体上看,珠江三角洲地区淡水鱼以 TEHP、TCIPP、TCEP 和 TNBP 为主要 PFR 污染物，这 4 种污染物含量占总浓度的 90%左右，如图 3.1 所示。其中 TEHP 和 TCIPP 分别占总浓度的(38±20)%和(28±17)%，浓度范围分别为 0.37～22 ng/g ww(28～1 119 ng/g lw)和 0.50～11 ng/g ww(12～944 ng/g lw)。TCEP 和 TNBP 分别占总 PFRs 的(13±7.9)%和(9.5±8.3)%，浓度分别高达 2.8 ng/g ww(262 ng/g lw)和 10 ng/g ww(648 ng/g lw)。如前所述，Ma 等(2013)和 Zhang 等(2018)也发现 TNBP、TCEP 和 TCIPP 是该地区鱼类样本中检出频繁的污染物，占总 PFRs 很高比例。Tan 等(2016)发现珠江三角洲地区沉积物以 TEHP、TCIPP、TCEP、TPHP 和 TBOEP 为主要污染物，这与鱼体的组成模式相似。沉积物中有较高浓度的 TBOEP 检出，而鱼样中却未检出 TBOPE，这主要与仪器分析时的基质干扰和生物代谢有关。生物样品中的 TBOEP 在 GC-MS 分析时会存在严重的基质干扰现象，通常使用 LC-MS/MS 分析该化合物的结果更准确可靠(Brandsma et al.,2015)。此外，TBOEP 在生物体中具有较快的代谢能力，这也可能是其在本研究水生鱼类中未有检出的原因之一。

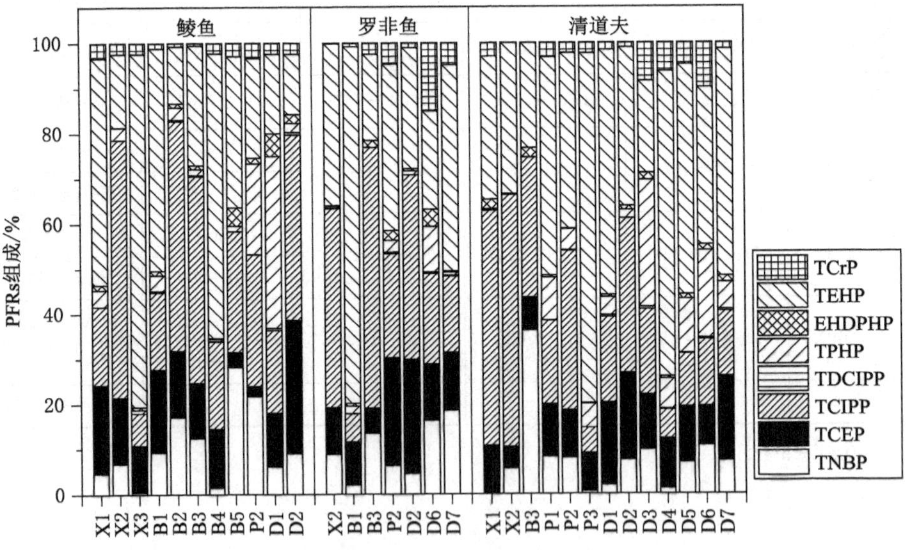

图 3.1 珠江三角洲地区 3 种淡水鱼的 PFRs 组成特征

此外，Hou 等(2017)也发现 TNBP、TCEP、TCIPP 和 TEHP 是中国北京淡水鱼中主要的 PFR 污染物，它们分别占总浓度的 30%、23%、17%和

14%。同时，有研究报道中国地表水和沉积物中以 TCIPP、TCEP 和 TNBP 为主要 PFR 污染物(Cao et al.，2012；Wang et al.，2015)。这些调查结果与本研究结果大致相同，表明 TCIPP、TCEP、TEHP 和 TNBP 可能是珠江三角洲地区用量较大的 PFR 化合物，尽管目前没有关于该地区详细的 PFRs 使用情况资料。Van der Veen 和 de Boer(2012)也指出，TCIPP、TCEP 和 TNBP 是全球广泛生产和使用的 PFRs。

在本研究淡水鱼中发现的这 4 种主要的 PFRs 污染物中，TEHP 的 lg K_{OW}值最高，为 9.49；TNBP 的 lg K_{OW}值为 4。这两种污染物的 lg K_{OW}值大于或接近《斯德哥尔摩公约》定义的生物富集标准(lg $K_{OW} > 5$)，表明 TEHP 和 TNBP 可能具有较高的生物富集潜力，这也能部分解释为什么这两种化合物在鱼体中浓度较高。此外，TCIPP 和 TCEP 的 lg K_{OW}值相对较低(分别为 2.89 和 1.63)，但这两种化合物在鱼体内也具有中高浓度，这可能表明亲脂性并不是鱼体内 PFRs 累积的唯一因素。在本研究检测的 3 种卤代 PFRs 中，TCIPP 和 TCEP 的浓度均高于 TDCIPP，尽管 TDCIPP 的阻燃效果更好(EU，2008b)，但其在鱼体内的含量较低。可能的原因有两个：一是由于 TDCPP 的价格更昂贵，一般只在需要更有效阻燃剂的产品中使用，所以其使用量较低(EU，2008b)。另一方面，也可能是因为 TDCIPP 具有更高的代谢潜力。一些研究表明，TDCIPP 虽然在水体中降解能力有限，但在鱼体中能被迅速代谢。TDCIPP 的生物富集因子较低，为 3～107，在鲹鱼体内的半衰期为 1.65 h(WHO，1998a)。近年来，Wang 等(2016，2017a)和 Hou 等(2017)进行了一些有关鱼体中 PFRs 的代谢研究，在鱼体内均有检测到 PFRs 的Ⅰ相和Ⅱ相反应的代谢产物。目前虽然关于鱼类中不同 PFR 化合物的代谢信息尚不全面，但不同化合物的代谢潜力肯定各不相同。代谢是决定 PFRs 在鱼体内累积的关键因素；有些化合物存在于水和沉积物中，但在水生动物中却没有检测到，这可能部分归因于生物代谢。

3.4　空间分布

PFRs 在珠江三角洲河流 3 种淡水鱼中的浓度分布特征如图 3.2 所示。就空间分布上看，城市化、工业化高的珠江和北江段(佛山站点)的 PFRs 浓度明显高于东江和西江。广州珠江段(站点 P1、P2 和 P3)和北江段站点 B3 的清道夫具有明显更高的 PFRs 污染水平。Tan 等(2016)也发现广州珠江段和北江段沉积物中的 PFRs 浓度明显高于其他河流段,表明在珠江段和北江段具有相对较高的 PFRs 污染,这可能与广州及周边地区的人口过多、高度城市化和工业化有关。PFRs 在沉积物与淡水鱼中的空间分布特征一致,表明鱼类是可用于监测水生环境中 PFRs 污染的有效的指示生物。然而,值得注意的是,由于 PFRs 在生物体中容易被代谢,故只测量生物体中的母体 PFRs 污染物可能会低估真实的 PFRs 暴露水平。因此,用 PFRs 代谢物指示特定地点或生物体中的 PFRs 污染状况可能是更切实可行的,可以在今后研究工作中检测 PFRs 的代谢产物。

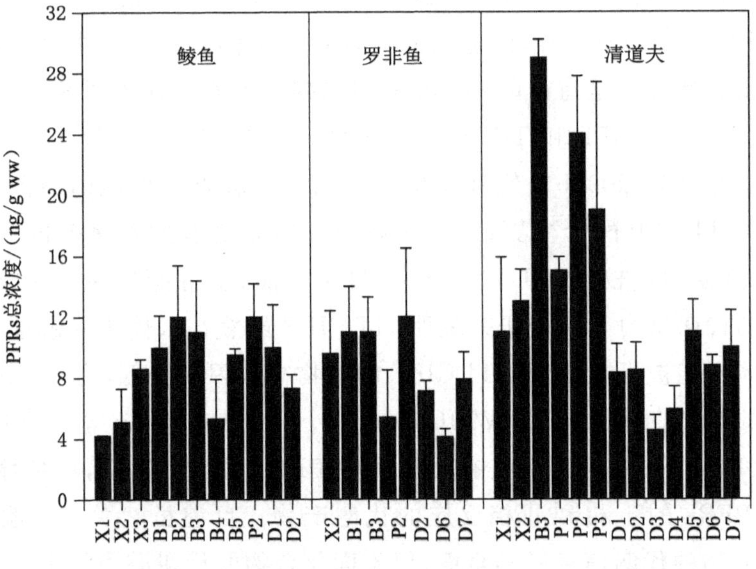

图 3.2　珠江三角洲地区淡水鱼中 PFRs 的空间分布图

此外,就空间分布上看,除了东江(D1 至 D7 位点)和珠江(P1 至 P3 位点)段具有显著更高的 TPHP 占比($p<0.05$),珠江三角洲地区 3 种淡水鱼中的 PFRs 组成模式没有明显差异,不同河流段淡水鱼中 PFRs 的组成特征如图 3.3 所示。Ruan 等(2014)也发现东江地区的 TPHP 水平较高(22.03 ng/g dw),只略低于 TCIPP,这与本研究中东江段的结果一致。

Tan 等(2016)在珠江三角洲沉积物中 PFRs 的调查研究中发现北江的 TPHP 含量显著高于其他河流段。然而,本研究的淡水鱼中的污染情况却并非如此,这可能主要与西江沉积物中 TPHP 的浓度变化有关,在一些地点的沉积物中没有检测到 TPHP,相应地,这些地区鱼类中的 TPHP 浓度也会较低。

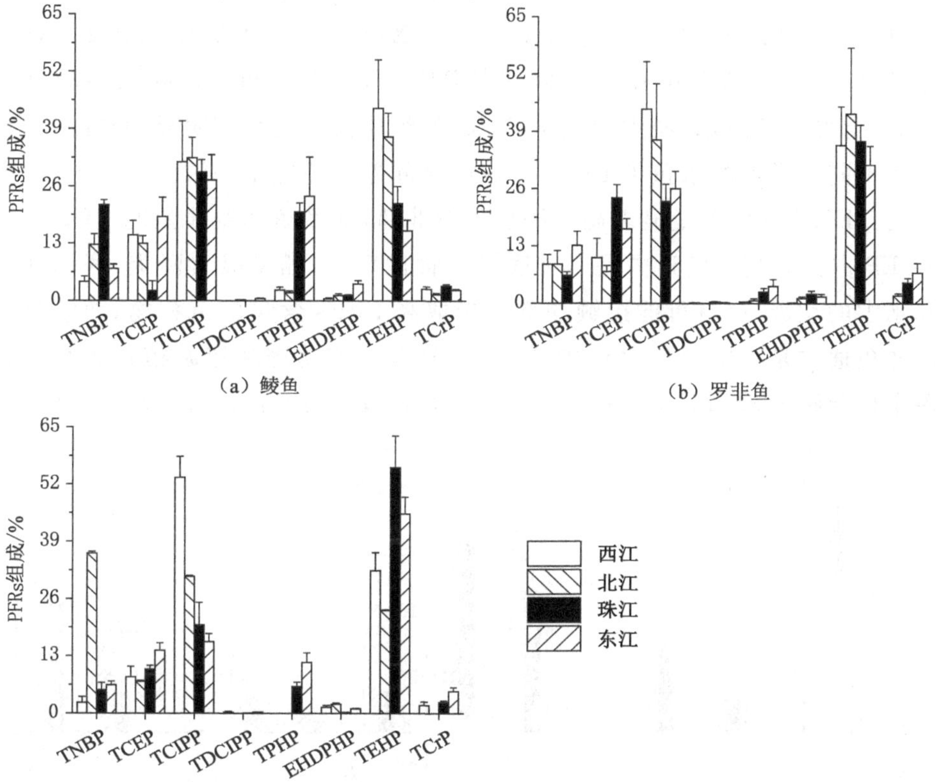

(a) 鲮鱼　(b) 罗非鱼　(c) 清道夫

图 3.3　珠江三角洲不同河流淡水鱼中的 PFRs 组成特征

3.5　种间差异

由于只有 4 个采样点(站点 X2、B3、P2 和 D2)同时采集到了鲮鱼、罗非鱼和清道夫 3 种淡水鱼类,故本研究只对这 4 个地点的鱼类进行 PFRs 的种间差异比较。图 3.4 和图 3.5 分别显示了 4 个采样点的 3 种淡水鱼中 PFRs 的浓度和组成特征。浓度上，总 PFRs 和 TEHP 在这 4 个采样点的 3 种鱼中的顺序均为清道夫显著高于鲮鱼和罗非鱼(图 3.4)。4 个站点的清道夫、鲮鱼和罗非鱼中的总 PFRs 平均浓度分别为 13、5.1 和 9.6 ng/g ww(站点 X2)，8.5、7.3 和 7.2 ng/g ww(站点 D2)，24、12 和 5.4 ng/g ww(站点 P2)及 29、11 和 11 ng/g ww(站点 B3)。清道夫、鲮鱼和罗非鱼中 TEHP 的平均浓度分别为 9.1、0.68 和 4.4 ng/g ww(站点 X2)，3.0、1.0 和 1.9 ng/g ww(站点 D2)，14、2.7 和 1.6 ng/g ww(站点 P2)及 6.7、3.5 和 3.9 ng/g ww(站点 B3)。如图 3.5 所示，淡水鱼类中 PFRs 的组成模式也具有明显的种间差异，尽管不同采样点淡水鱼中 PFRs 组成的种间差异不完全一致。总体上，清道夫的 TEHP 百分含量显著高于鲮鱼和罗非鱼，而鲮鱼和罗非鱼的 TCIPP 和 TCEP 占比更高。清道夫是一种底栖杂食性鱼类，酷爱吸食藻类、底栖动物和水中的垃圾，更有可能接触并部分摄取高 PFRs 含量的沉积物；而鲮鱼和罗非鱼通常是在中上层水体中活动，主要以浮游动物和浮游植物为食。就单个化合物分析，TEHP 具有更高的 lg K_{OW} 值(9.49)，更倾向吸附在沉积物

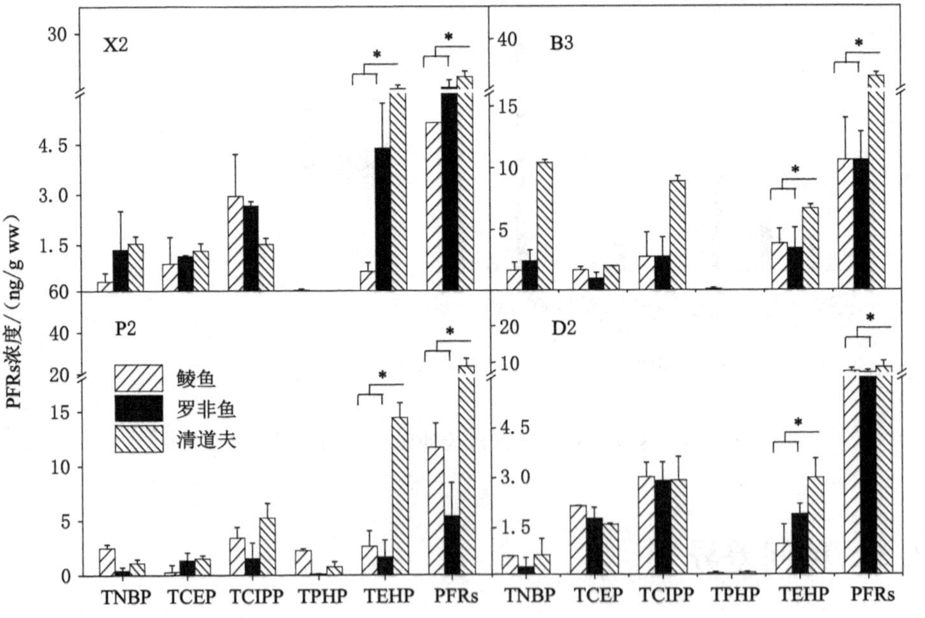

图 3.4　3 种淡水鱼中 PFRs 的浓度差异(* $p<0.05$)

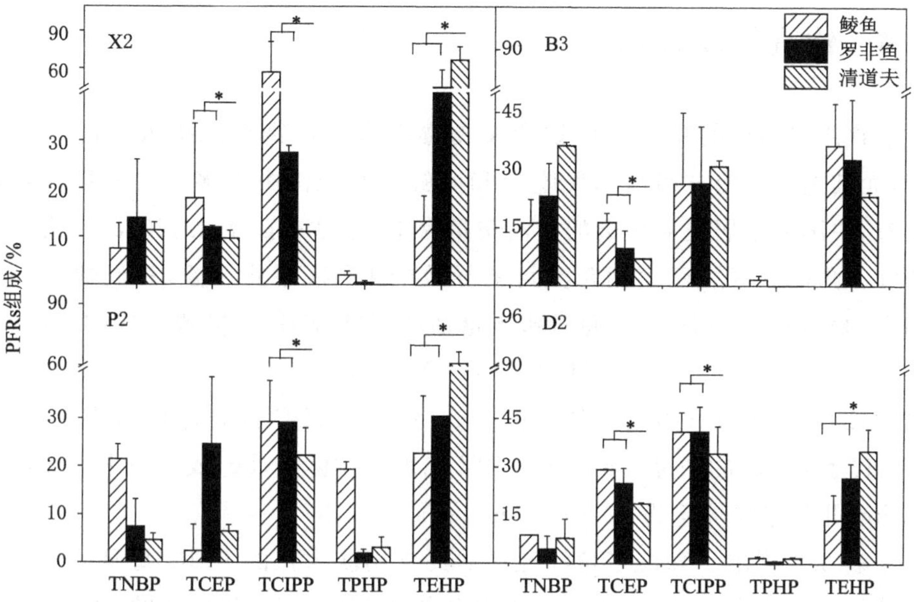

图 3.5　3 种淡水鱼中 PFRs 的组成差异(* $p < 0.05$)

上,而 TCEP(1.44)和 TCIPP(2.59)更倾向溶于水体中。清道夫有更大可能接触、摄取并富集沉积物中的 TEHP,故其具有显著更高的 TEHP 含量。因此,栖息环境和摄食行为的差异可能是清道夫鱼具有更高污染物浓度的重要原因。此外,各生物对 PFRs 代谢能力的差异也会造成污染物浓度和组成的种间差异,这需要进一步实验探究证明。

Sun 等(2016a)也检测了珠江三角洲这 3 种淡水鱼类中的 PBDEs,发现清道夫比鲮鱼和罗非鱼具有显著更高浓度的 BDE209。He 等(2012)表明从沉积物中直接吸收 BDE209 是造成这种现象的主要原因之一。Kim 等(2011)测定了菲律宾马尼拉湾 19 种鱼类中的 PFRs 浓度,发现底栖鱼类的总 PFRs 浓度(1 900 ng/g lw)要远高于浮游鱼类(100 ng/g lw)。此外,Sundkvist 等(2010)也发现底栖鳗鱼中的 PFRs 浓度远高于其他鱼类,并表明这是因为 PFRs 通常更容易吸附在沉积颗粒上,沉积物中污染物含量会比水体更高,而底栖鱼类更有机会接触或吸食沉积物。这些调查结果都与本研究结果相似。

3.6 饮食暴露评估

食用受污染的鱼占人体饮食暴露毒害有机污染物总摄入量的一定比例，尤其是中国南方沿海居民吃鱼和海鲜比其他肉类更多。根据膳食问卷调查，中国城市居民对鱼肉的日消费量为 105 g(Jiang et al.，2005)。为确定珠江三角洲地区居民食用鱼类可能导致的 PFRs 暴露风险，我们估算了其 PFRs 摄入量。一般来说，每日摄入量估计值(EDI)的计算遵循式(3.1)：

$$\mathrm{EDI}=(\mathrm{DC}\times \mathrm{MC})/\mathrm{BW} \tag{3.1}$$

式中，EDI 代表每日摄入量估计值，ng/(kg·d)；DC 代表每日消费量，g/d；MC 代表 PFRs 的浓度，ng/g ww；BW 代表人体体重，kg，成年人平均体重为 70 kg，儿童平均体重为 12 kg(Zheng et al.，2015)。

表 3.4 列出了珠江三角洲地区居民食用淡水鱼的 PFRs 每日摄入量估计值。成年人食用鲮鱼、罗非鱼和清道夫对 8 种 PFRs 污染物的 EDI 值范围分别为 0.030 3～4.83 ng/(kg·d)、0.016 7～5.69 ng/(kg·d)和 0.031 4～8.65 ng/(kg·d)；总 PFRs 的 EDI 值分别为 14.1 ng/(kg·d)、15.5 ng/(kg·d)和 16.7 ng/(kg·d)。儿童食用鲮鱼、罗非鱼和清道夫对 8 种 PFRs 污染物的 EDI 值范围分别为 0.177～28.2 ng/(kg·d)、0.0974～33.2 ng/(kg·d)和 0.183～50.47 ng/(kg·d)；总 PFRs 的 EDI 值分别为 82.3 ng/(kg·d)、90.1 ng/(kg·d)和 97.1 ng/(kg·d)。Sundkvist 等(2010)发现成年人(以 70 kg 为标准体重)通过食用鱼类的平均 PFRs 摄入量为 20～180 ng/(kg·d)，这个饮食摄入量与本研究结果相当。然而，菲律宾成年人(以 60 kg 为标准体重)食用鱼类的 PFRs 的总摄入量为 5.9 μg/(kg·d)(Kim et al.，2011)，明显高于本研究结果。

根据 Ali 等(2012)的研究，TNBP、TCEP、TCIPP、TDCIPP、TPHP、EHDPHP、TEHP 和 TCrP 的每日参考剂量(RfD)值分别为 1.0×10^4、7.0×10^3、1.0×10^4、1.5×10^4、7.0×10^4、1.5×10^4、1.0×10^5和 1.3×10^4 ng/(kg·d)；日摄入量超过参考剂量值时将会导致 PFRs 健康风险。本研究中计算的这 8 种 PFRs 污染物的日平均摄入量均比其参考剂量值低三至四个数量级。同时，本研究的总 PFRs 摄入量[14.1～97.1 ng/(kg·d)]也显著低于

表 3.4　PFRs 的每日摄入量估计值(EDI)　　　单位：ng/(kg · d)

污染物		TNBP	TCEP	TCIPP	TDCIPP	TPHP	EHDPHP	TEHP	TCrP	$\sum$PFRs
RfD		10 000	7 000	10 000	15 000	70 000	15 000	100 000	13 000	
珠江三角洲河流沿岸地区	成年人									
	鲮鱼	1.53	1.67	4.83	0.030 3	1.21	0.184	0.527	4.14	14.1
	罗非鱼	1.38	1.99	5.69	0.016 7	0.21	0.230	0.413	5.46	15.5
	清道夫	0.927	2.10	2.84	0.031 4	1.37	0.116	0.633	8.65	16.7
	儿童									
	鲮鱼	8.93	9.73	28.2	0.177	7.06	1.07	3.07	24.15	82.3
	罗非鱼	8.08	11.6	33.2	0.097 4	1.21	1.34	2.41	31.87	90.1
	清道夫	5.41	12.3	16.6	0.183	7.96	0.678	3.70	50.47	97.1

注：RfD 表示参考剂量值[ng/(kg · d)]。

Sundkvist 等(2010)建议的总参考值[40 μg/(kg · d)]，表明珠江三角洲地区居民正常食用水产品不会直接导致与 PFRs 相关的健康风险。

由于 PFRs 在环境介质中广泛存在，还可能在生物体中富集，故人体将面临不同的 PFRs 暴露途径(Wei et al.,2015)。粉尘的摄入(和吸入)是最重要的 PFRs 暴露途径之一(Van den Eede et al.,2011;Sundkvist et al.,2010)，通常比食物暴露更严重(Wei et al.,2015)。据文献数据显示，广州成年人通过大气沉积吸入各 PFRs 化合物的日平均摄入量为 0.13～35 ng/(kg · d)，总 PFRs 的日平均摄入量为 41 ng/(kg · d)(Luo et al.,2016)。Tan 等(2017)报道，广州市成年人和儿童通过室内粉尘吸入的 PFRs 量分别为 1.6 ng/(kg · d)和 32 ng/(kg · d)。可以发现，珠江三角洲地区成年人通过食用鱼类的 EDI 值低于通过室外大气吸入的量，但通常高于室内粉尘的摄入量，这说明饮食摄入也是重要的人体 PFRs 暴露途径。尽管本研究中所有 PFRs 化合物的 EDI 值均远低于其参考值，但随着 PFRs 使用量的与日俱增，居民通过食用水产品摄入 PFRs 的风险暴露问题仍值得长期关注。

3.7　本章小结

本章以珠江三角洲地区主要河流段(包括东江、西江、北江和珠江段)中广泛分布的 3 种淡水鱼类(鲮鱼、罗非鱼和清道夫)为生物监测工具，调查了该地区水生环境中 PFRs 的污染状况与区域分布特征，初步探究了 PFRs 在水生鱼类中的种间特异性累积特征，评估了珠江三角洲地区居民食用水产品的 PFRs 暴露风险。主要结论如下：

(1) PFRs 在珠江三角洲河网淡水鱼类中普遍检出，总污染物浓度范围为 2.3～30 ng/g ww，以 TEHP、TCIPP、TCEP 和 TNBP 为主要污染物，表明该地区水生生物已普遍受到 PFRs 污染。

(2) 城市化水平和工业化程度共同决定珠江三角洲淡水鱼类的 PFRs 污染。城市化、工业化水平较高的珠江段(站点 P1、P2 和 P3)和北江段(站点 B3)地区的 PFRs 污染程度较高。

(3) PFRs 在 3 种淡水鱼中的累积具有明显的种间差异性，主要与其栖息环境、摄食行为及生物代谢有关。

(4) 珠江三角洲地区居民正常食用淡水鱼不会直接导致与 PFRs 相关的健康风险，但其饮食暴露风险问题仍值得长期关注。

第 4 章　PFRs 在水生动物中的富集与子代传递

随着电子产业的飞速发展，各类电子垃圾，如废弃的电视、电脑和电插座等应运而生。电子垃圾已成为全球关注的环境问题，尤其在发展中国家更为突出。全球大部分电子垃圾被非法进口到发展中国家拆除和处理，引发了严重的环境问题(Bi et al.，2010)。广东清远是中国四大电子垃圾拆解区之一。早期，该地区的电子垃圾拆解和回收活动都是于露天环境下，以简单粗放的方式进行的。废弃的电子产品被拆下可利用的部件后，残余部分则被直接丢弃或堆积在池塘及田地，对当地环境造成了严重污染。在该电子垃圾污染区，许多调查研究显示，于水体、土壤、灰尘、生物及人体等各类环境介质中，都检出了高浓度的 PCBs、CPs 和 PBDEs 等有机污染物(Huang et al.，2018；Luo et al.，2015；Sun et al.，2017a；Zeng et al.，2018；Zheng et al.，2015，2017a)。

在第 3 章珠江三角洲河网淡水鱼中 PFRs 污染状况的研究中，本书发现了 PFRs 在淡水鱼类中的累积具有一定的种间差异性。但由于鱼类在河流水体中的活动范围太大，即使是在同一个站点捕捞的鱼类，在对比其种间差异时仍不能有效排除地点特异性的影响。因此，本书以广东省清远市龙塘镇一个典型的受电子垃圾污染的封闭小池塘为研究区域，系统地研究了 PFRs 在不同水生动物中的富集与子代传递特征。同时，还检测了这些水生动物中 5 种常见 PFRs 污染物(TNBP、TCIPP、TPHP、TBOEP 和 EHDPHP)的 13 种代谢产物，综合分析了生物代谢对 PFRs 种间特异性富集的影响。

4.1　样品采集和分析

4.1.1　样品采集

我们于 2014 年 12 月在广东省清远市龙塘镇白鹤塘(该池塘底部堆放

了大量的电子垃圾，如电线、电插板和电脑配件等）采集了 5 种水生动物，包括乌鳢、鲶鱼、鲮鱼、鲫鱼和沼虾以及水和表层沉积物。于 2016 年 4 月在该池塘采集了中国水蛇和小鲤鱼。具体样品信息如表 4.1 所示。

表 4.1 电子垃圾污染池塘中的样品信息

物种	N①	体长②/cm	体重②/g	脂肪/TOC②/%	$\delta^{15}N$②/‰	$\delta^{13}C$②/‰
乌鳢	5	35±3.4	359±32	0.74±0.37	13±0.77	−25.8±1.04
鲶鱼	2	39±16	759±822	2.8±3.3	11±0.85	−26.3±2.18
鲮鱼(大)	5	49±3.0	1818±253	2.7±1.2	8.5±0.29	−28.9±0.323
鲮鱼(小)	5(60)	8.2±1.1	5.3±1.5	3.4±0.54	12±0.22	−28.5±0.534
鲫鱼	5(16)	12±0.58	28±4.8	2.2±0.29	10±0.28	−29.0±0.279
沼虾	5(50)	2.0±0.21	1.2±0.14	1.9±0.15	10±0.37	−25.0±0.210
中国水蛇	7	55±10	127±97	0.75±0.22	10.9±1.2	−24.4±1.20
小鲤鱼	6(49)	4.0±1.0	0.75±0.25	1.2±0.22	11.1±0.43	−25.7±0.430
水	3					
沉积物	4			15±16		

注：① 括号外的数字表示合并样品数，括号内的数字表示单个样品数；

② 表示平均值±标准偏差。

4.1.2 样品分析

本章样品中 PFRs 分析采用的是冷冻除脂-固相萃取法和 GC-MS 分析法，共检测了 12 种目标化合物。此外，还分析检测了 13 种 PFRs 代谢产物。具体分析流程参照第 2 章内容。

4.1.3 稳定碳、氮同位素分析

本章测定了生物样品的稳定碳 $\delta^{13}C$(‰)、氮 $\delta^{15}N$(‰)同位素，以及沉积物样品的总有机碳含量（TOC）。

$\delta^{13}C$(‰)和 $\delta^{15}N$(‰)选用元素分析仪（Flash EA 112 系列）和同位素质谱仪（IRMS）测定。称取大约 0.5 mg 匀质化的干燥生物样品，放置于小锡舟中，包好，进行上机检测。$\delta^{13}C$(‰)和 $\delta^{15}N$(‰)分别按照式（4.1）和式（4.2）计算：

$$\delta^{13}C = (^{13}C/^{12}C_{样品}/^{13}C/^{12}C_{标准品} - 1) \times 1\ 000(‰) \quad (4.1)$$

$$\delta^{15}N = (^{15}N/^{14}N_{样品}/^{15}N/^{14}N_{标准品} - 1) \times 1\ 000(‰) \quad (4.2)$$

式中，$\delta^{13}C$(‰)是基于标准品 Vienna Pee Dee Belemnite 计算的；$\delta^{15}N$(‰)是基于氮气(N_2)计算的。二者的分析精度分别为±0.8‰和±0.7‰。

TOC 选用元素分析仪(Vario EL Ⅲ系列)测定。称取大约 1 g 匀质化的干燥沉积物样品，用 1 mol/L 的盐酸酸洗除去其中的无机碳后，用超纯水洗至中性，烘干，备用。随后，称取 10～20 mg 样品进行上机测定。

4.2　PFRs 的浓度和组成

受电子垃圾污染池塘的水生动物、沉积物和水样中的 PFRs 污染浓度见表 4.2。TNBP、TCIPP、TPHP 和 TEHP 在所有样本均有检出(检出率为 100%)；TCEP、EHDPHP 和 TCrP 的检出率为 90%；此外，TDCIPP 的检出率为 50%。在所有样品中均未检出 TiPP、TnPP 和 TBOEP。水样的总 PFRs 浓度为(255±20) ng/L。两个沉积物样品的总 PFRs 浓度分别为 83 ng/g dw 和 187 ng/g dw，其 TOC 值分别为 1.5%和 3.4%。水生食物链动物(包括沼虾、小鲮鱼、鲫鱼、鲶鱼和乌鳢)中的总 PFRs 浓度为 1.7～47 ng/g ww，其中，沼虾和乌鳢分别具有最高和最低的污染物浓度(平均值分别为 34 ng/g ww 和 4.3 ng/g ww)。此外，大鲮鱼中总 PFRs 的浓度为(10±2.2) ng/g ww；小鲤鱼、中国水蛇和水蛇蛋中污染物总浓度分别为(10±2.2) ng/g ww、(0.92±0.86) ng/g ww 和(3.7±3.1) ng/g ww。该电子垃圾污染区水生动物中的 PFRs 浓度与珠江三角洲主要河流段淡水鱼(鲮鱼、罗非鱼和清道夫，2.3～30 ng/g ww)水平相当。

该电子垃圾污染池塘各水生动物的 PFRs 组成模式如图 4.1 所示。TNBP、TCEP、TCIPP 和 TPHP 是主要的 PFR 污染物，合计占总量的 86%左右。该电子垃圾污染区水生动物的 PFRs 组成模式与已报道的一些鱼样的研究结果相似(Kim et al.，2011；Hou et al.，2017)。Zheng 等(2015)发现 TPHP 和 TCIPP 是该电子垃圾污染区室内粉尘中含量最多的 PFRs 化合物，二者占总浓度的 70%以上。此外，Poma 等(2019a)和 Zheng 等(2016)也发现 TPHP 和 TCIPP 是该地区昆虫和家产鸡蛋中占主导地位的两种

表 4.2　电子垃圾污染池塘水生动物(ng/g ww)、水(ng/L)和沉积物(ng/g dw)中的 PFRs 浓度

样品	N①	TNBP	TCEP	TCIPP	TDCIPP	TPHP	EHDPHP	TEHP	TCrP	∑PFRs
检出率/%		100	91	100	49	100	65	100	70	
乌鳢	5	1.0±0.97	0.84±0.22	1.8±0.79	0.14±0.23	0.32±0.25	0.10±0.18	0.043±0.062	0.067±0.069	4.3±2.6
鲶鱼	2	2.7±0.23	0.51±0.48	1.6±0.77	ND②	0.23±0.010	0.081±0.11	0.023±0.011	0.036±0.034	5.1±1.6
大鲮鱼	5	4.7±1.1	0.36±0.081	2.5±0.30	ND	2.1±1.7	0.27±0.096	0.023±0.017	0.11±0.050	10±2.2
小鲮鱼	5(60)	12±1.3	0.39±0.22	3.4±0.74	0.11±0.026	0.79±0.40	0.20±0.049	0.061±0.010	0.12±0.031	17±1.7
鲫鱼	5(16)	6.1±0.45	0.41±0.15	2.4±0.64	0.22±0.45	1.2±0.59	0.48±0.44	0.078±0.041	0.24±0.071	11±1.7
日本沼虾	5(50)	3.5±3.8	1.1±0.84	13±10	3.2±0.98	12±4.8	0.24±0.10	0.36±0.047	0.56±0.62	34±13
小鲤鱼	6(44)	3.0±1.4	0.21±0.10	3.1±0.48	0.24±0.21	6.2±1.8	0.24±0.32	0.13±0.045	0.21±0.087	10±2.2
中国水蛇	7	0.79±0.81	0.046±0.032	0.31±0.17	0.32±0.78	0.23±0.11	ND	0.014±0.011	ND	0.92±0.86
水蛇蛋	3(49)	7.7±1.4	0.16±0.045	0.96±0.18	0.29±0.51	1.6±1.7	0.61±0.80	0.11±0.088	0.011±0.007 0	3.7±3.1
水	3	51±10	99±15	76±8.7	13±2.5	13±1.5	1.7±0.083	0.32±0.17	0.62±0.17	255±20
沉积物	2	50±67	18±10	43±24	4.5±2.5	13±7.1	4.0±2.3	0.14±0.074	1.1±0.63	135±74
大鲮鱼其他组织										
肝	5	14.31±3.54	0.22±0.29	3.92±3.92	ND	8.76±7.38	0.77±0.34	0.13±0.06	0.86±0.87	28.96±12.55
肾	5	9.91±2.28	0.11±0.22	3.44±0.75	ND	3.45±3.6	0.6±0.43	0.07±0.04	0.2±0.19	17.78±6.41
腮	5	21.61±4.3	0.18±0.26	3.85±1.18	ND	3.24±1.09	1.41±0.25	0.08±0.04	0.44±0.2	30.82±2.94
皮	5	9.51±3.57	0.06±0.05	1.96±0.8	ND	4.75±4.54	0.38±0.06	0.08±0.03	0.19±0.1	16.93±5.88
鳔	5	3.47±1.02	0.01±0.02	0.5±0.14	ND	0.95±0.72	0.22±0.17	0.02±0.01	0.04±0.04	5.22±1.57
乌鳢其他组织										
肝	5	2.77±3.84	6.73±5.84	5.57±2.19	0.39±0.66	6.91±4.78	1.5±3.11	0.94±1.08	0.65±0.6	25.46±8.69
肾	5	2.29±1.1	10.64±14.26	6.35±5.47	0.41±0.64	4.73±2.3	0.44±0.64	0.21±0.26	0.59±0.52	25.66±15.2
腮	5	1.55±1.07	5.1±5.3	3.5±0.42	0.57±0.93	4.63±1.68	0.32±0.5	0.59±1.15	0.6±0.73	16.86±5.24
皮	5	0.61±0.16	1.55±0.93	2.75±0.91	0.34±0.55	0.81±0.17	0.23±0.4	0.11±0.14	0.14±0.13	6.55±1.68
鳔	5	1.2	1.21	1.47	ND	1.65	ND	0.18	ND	5.76

注:① 括号外数字表示合并样品数,括号内数字表示单个样品数;

② ND 表示未有检出。

PFR 污染物。这都与本研究结果相符。众所周知，TCIPP 广泛应用于绝缘材料、密封泡沫和电子设备中；TPHP 是制造电视、笔记本电脑和电源插座的重要增塑剂(Wei et al.，2015)。本章的研究区域有大量拆解回收的电线、家用电器和电子材料等，这些电子垃圾则是 PFRs 污染物(TCIPP 和 TPHP)的主要来源(Poma et al.，2019a)。

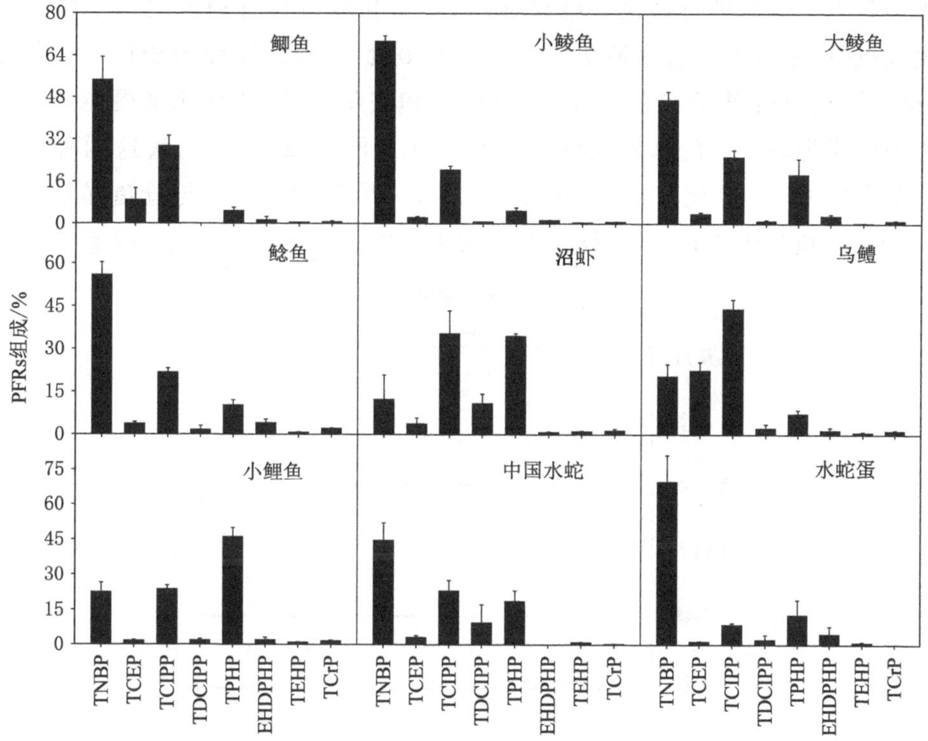

图 4.1　电子垃圾污染区水生动物的 PFRs 组成特征

如图 4.1 所示，水生动物中的 PFRs 组成模式具有明显的种间差异。譬如，TCIPP 是乌鳢中含量最丰富的 PFR 污染物，占总水平的 44%。大、小鲮鱼、鲶鱼和鲫鱼中以 TNBP 是首要污染物，分别占总浓度的 47%、69%、54% 和 56%。而 TCIPP 和 TPHP 则是沼虾中含量最丰富的污染物，均占总量的 35%。可以发现，即使是在同一种鱼类中，PFRs 的组成模式也有差异。例如，小鲮鱼中的 TNBP 占比显著高于大鲮鱼(69% vs 47%)；而大鲮鱼则拥有更高的卤代 PFRs(TCEP 和 TCIPP)和 TPHP 占比(29% vs 22%，19%

vs 4.8%)。PFRs 组成模式的种间、种内差异可能是由不同生物摄食行为和代谢潜力的差异造成的。

通过聚类分析,本研究进一步比较水生食物链动物和大鲮鱼的 PFRs 组成差异(图 4.2)。由于小鲤鱼和中国水蛇与水生食物链动物和大鲮鱼的采样时间相隔较远,为了排除采样时间的影响,所以此处聚类分析没有加入小鲤鱼和中国水蛇进行讨论。结果显示,鲮鱼和鲫鱼具有相似的污染物组成模式,这可能是因为这两种杂食性鱼类的摄食习惯/代谢能力相似。值得注意的是,肉食性鲶鱼和杂食性鱼类(鲫鱼和鲮鱼)之间的欧几里得距离比鲶鱼和同样为肉食性的乌鳢之间的距离要短。同时,鲶鱼和乌鳢这两种肉食性鱼类的 PFRs 组成存在显著性差异。这一异常结果可能与鲶鱼样品数量少($n=2$)和个体差异大(大鲶鱼体重为 1 340 g,小鲶鱼体重为 177 g)有关。

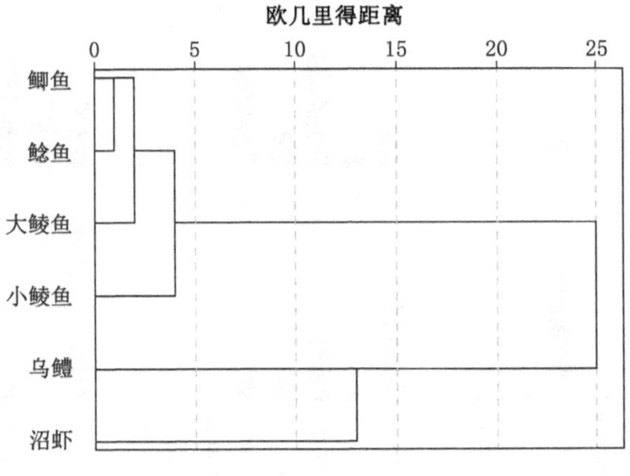

图 4.2 聚类分析比较不同水生动物的 PFRs 组成

4.3 PFRs 在鱼体中的组织分布

本章以大鲮鱼和乌鳢为研究对象,对其肌肉、肝脏、肾脏、皮、腮和鳔进行了 PFRs 的组织分布研究。PFRs 在乌鳢体内的组织分布模式与大鲮鱼略有不同。乌鳢各组织中总 PFRs 的浓度顺序为:肝脏和肾脏>鳃>皮>鳔>肌肉。大鲮鱼中总 PFRs 的浓度顺序为:鳃和肝脏>肾脏和皮>肌肉>鳔(具体浓度见表 4.2)。PFRs 在这两种鱼体组织中的分布情况与各组织的脂肪含量分布情况相似。例如，大鲮鱼各组织的脂肪含量依次为肝脏(10.5%±1.05%)和鳃(10.3%±0.58%)>肾脏(5.6%±1.33%)>皮(2.79%±0.14%)>肌肉(1.69%±0.24%)>鳔(0.39%±0.04%)。

Pearson 相关性分析结果显示，乌鳢和大鲮鱼各组织的脂肪含量与 PFRs 总浓度之间均存在显著的正相关关系[图 4.3(a)]，表明亲脂性对 PFRs 在鱼体各组织中的分布具有重要作用。就单个化合物而言(TDCIPP 除外，因为其检出率低于 50%)，lg K_{OW} 值相对较低的两种卤代 PFRs(TCEP 和 TCIPP，lg K_{OW} 值分别为 1.63 和 2.89)与脂肪含量的相关性较弱或呈无相关性。然而，具有较高 lg K_{OW} 值(>4)的 TPHP、EHDPHP、TEHP 和 TCrP 均和脂肪具有显著正相关关系，各 PFRs 化合物与脂肪含量的相关系数如表 4.3 所示。以前的研究也表明具有较低 lg K_{OW} 值(<3)的 PFRs 化合物在生物体内具有较高的消除速率和较短的半衰期(Green et al.，2007；Sasaki et al.，1981)。Tang 等(2019)在以普通鲤鱼为模型生物的 PFRs 暴露实验中发现，尽管 PFRs 比卤代阻燃剂(如 PBDEs)的疏水性更低，但是所有鱼体组织(血清除外)的总 PFRs 浓度与 lg K_{OW} 均呈显著正相关关系。

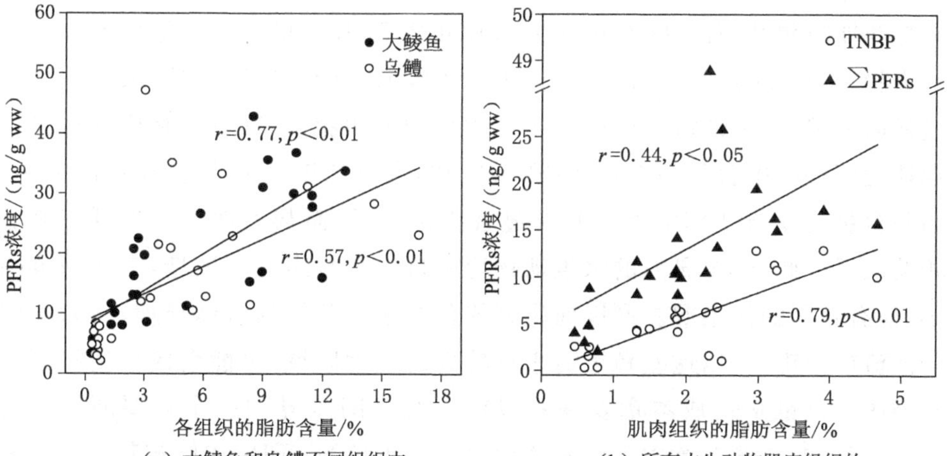

(a) 大鲮鱼和乌鳢不同组织中 PFRs总浓度与脂肪含量

(b) 所有水生动物肌肉组织的 PFRs浓度与脂肪含量

图 4.3　污染物浓度与脂肪含量的相关关系图

对该电子垃圾污染池塘所有水生动物肌肉组织的 PFRs 浓度与其对应的脂肪含量进行相关关系分析，发现总 PFRs 和 TNBP 均与脂肪含量呈显

表 4.3　大鲮鱼和乌鳢各组织中 PFRs 浓度与其脂肪含量的相关性

	相关性	TNBP	TCEP	TCIPP	TDCIPP	TPHP	EHDPHP	TEHP	TCrP
大鲮鱼	r	0.82	0.048	0.44	—	0.52	0.79	0.53	0.47
	p	0.000	0.81	0.015	—	0.004	0.000	0.003	0.011
乌鳢	r	0.35	0.32	0.46	—	0.54	0.085	0.34	0.32
	p	0.080	0.11	0.017	—	0.004	0.68	0.088	0.12

注：—表示无可用数据。

著正相关关系，其相关系数(r)分别为 0.44 和 0.79，p 值分别小于 0.05 和 0.01，如图 4.3(b)所示。可以看出，总 PFRs 与脂肪含量之间的显著相关关系主要是受 TNBP 的强相关关系的影响造成的。因为在这些水生动物中，TNBP 是占比最高的 PFR 污染物，其具有较强的亲脂性($\lg K_{OW}=4$)，并与脂肪含量呈强相关关系。而许多研究报道总 PFRs 浓度与脂肪无关(Brandsma et al.，2015；Chen et al.，2012；Hou et al.，2017；Kim et al.，2011；Malarvannan et al.，2015；Sundkvist et al.，2010)，有可能是由不同研究中的首要 PFR 污染物不尽相同造成的。例如，Brandsma 等(2015)发现在来自西斯凯尔特河的 34 个鱼样中，TBOEP、TCIPP 和 TCEP 是主要的 PFR 污染物；Sundkvist 等(2010)发现 TCIPP 是 11 种不同海洋和淡水生物中含量最高的 PFR 污染物；Malarvannan 等(2015)也报道 TCIPP 是比利时弗兰德斯地区鳗鲡中含量最多的 PFR 污染物，占总浓度的 64%。在本研究中，脂肪含量也仅与 TNBP 浓度具有显著相关关系，而与其他化合物没有明显相关关系。此外，本研究的水生动物均来自一个封闭的小池塘，其活动范围小，享有相同的污染源。而以前研究的鱼类来自开放的水体环境，比如不同的河流或鱼市，所以这些鱼可能来自较大的地理区域，可能会接触到不同的污染源。这也是造成本章发现和以前研究之间差异的一个重要原因。同样，也能对本书第 3 章中珠江三角洲河流淡水鱼的 PFRs 浓度与其脂肪含量为什么无明显相关关系做出解释。当然，其他因素，如代谢和暴露途径也可能对水生动物中 PFRs 的积累和分布起重要作用。

在本研究中，大鲮鱼和乌鳢的肝脏组织都具有较高的污染物水平。以前的研究也发现来自韩国洛东河的鲫鱼(Choo et al.，2018)、中国北京的鲫鱼(Hou et al.，2017)以及挪威斯瓦尔巴群岛和大西洋的鳕鱼(Evenset et al.，2009)的肝脏组织具有更高的 PFRs 浓度。然而，当以脂肪归一化浓度进行比较时，肝脏表现出较低的污染物水平。如前所述，代谢可能是造成这一现象的主要原因，因为肝脏是最重要的解毒器官，而 PFRs 易于在肝脏中发生代谢(Hou et al.，2017)。我们利用其他组织与肝脏和其他组织之和的浓度比值(OLR)来了解 PFRs 在生物体中的组织分配情况(余乐洹，2013;Sun et al.，2017a)，具体按式(4.3)计算：

$$OLR = c_{其他} / (c_{其他} + c_{肝脏}) \tag{4.3}$$

式中，$c_{其他}$ 和 $c_{肝脏}$ 分别代表 PFRs 在其他组织(即肌肉、鳔、皮、肾脏和鳃)和肝脏中的脂肪归一化浓度。当 OLR 显著偏离 0.5 时，表明 PFRs 在其他组织与肝脏之间的分布存在显著差异(Sun et al.，2017a)。

本研究计算的 OLR 值均大于 0.5，表明代谢对 PFRs 在肝脏中沉积具有重要影响(图 4.4)。在乌鳢和大鲮鱼中，肾脏的 OLR 值要明显低于其他组织($p<0.05$)，表明肾脏可能也参与了 PFRs 的代谢。同时，乌鳢的 OLR 值高于鲮鱼(除鱼鳔外)，表明营养级较高的乌鳢可能具有更高的 PFRs 代谢潜力，我们将会在 4.4 小节——生物代谢部分进行相关的分析。Hu 等(2016)和 Ruus 等(2002)也指出，邻苯二甲酸酯类化合物和有机氯农药在高营养级水生动物中具有更高的代谢转化潜能。相关性分析结果显示，大鲮鱼和乌鳢肌肉组织的 OLR 值和 lg K_{OW}，以及乌鳢鳃和肾脏的 OLR 值和

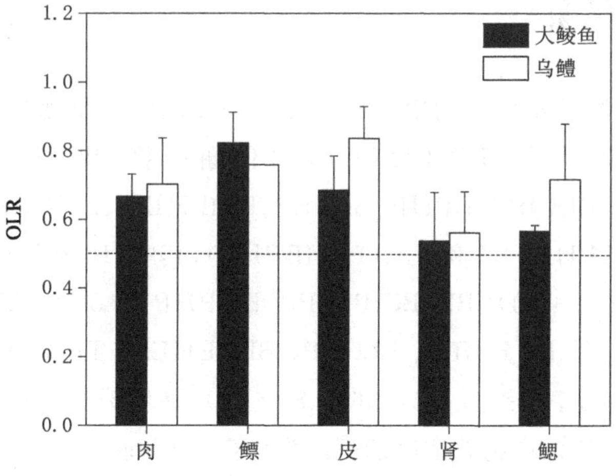

图 4.4 大鲮鱼和乌鳢的 OLR 值

lg K_{OW}均呈显著负相关关系（各 $p<0.05$），如图 4.5 所示。在以前有关 SCCPs 的研究中，鲮鱼的四个组织（肾、鳃、肌肉和皮）和乌鳢的两个组织（肾和肌肉）的 OLR 值和 lg K_{OW}之间也存在显著负相关关系（Sun et al.，2017a）。此外，有研究在陆生动物中也发现了相似规律。Zheng 等（2014）和 Li 等（2016）发现 PBDEs 和 PCBs 等卤代有机污染物在仔鸡肌肉和肝脏中的比值与 lg K_{OW}之间存在显著的负相关关系，表明与其他组织相比，肝脏优先积累高亲脂性化学物质。

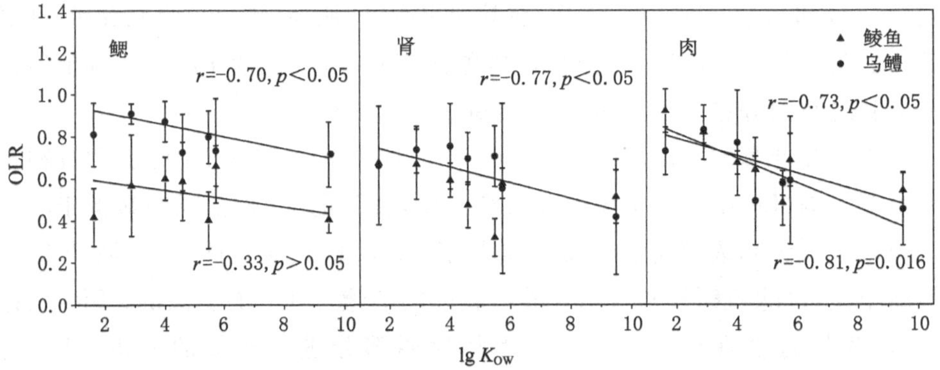

图 4.5　鱼类中 OLR 与 log K_{OW}的相关关系图

4.4　生物代谢

本章共检测了水生动物中 5 种常见母体 PFRs 污染物（TNBP、TCIPP、TPHP、TBOEP 和 EHDPHP）的 13 种代谢产物（BCEP、BCIPP、4-HO-DPHP、DNBP、BDCIPP、DPHP、BBOEP、BCIPHIPP、EHPHP、BBOEHEP、TBOEP-OH、TPHP-OH 和 5-HO-EHDPHP），其中，10 种代谢产物有检出，具体浓度见表 4.4。DNBP、BCIPHIPP、EHPHP 和 3-HO-TBOEP 在所有样品中均有检出；BCIPP、BBOEP、BBOEHEP、TPHP-OH 和 5-HO-EHDPHP 的检出率分别为 88%、96%、85%、90%和 82%；此外，DPHP 检出率为 52%。PFRs 代谢产物总浓度的范围为 0.65～17 ng/g ww，略低于其对应的母体化合物浓度（1.3～43 ng/g ww），但二者处于同一个数量级水平。乌鳢、鲶鱼、大鲮鱼、小鲮鱼、鲫鱼、沼虾、小鲤鱼、中国水蛇和水蛇蛋中 PFRs 代谢物

的平均总浓度分别为 2.1 ng/g ww、1.8 ng/g ww、3.3 ng/g ww、14 ng/g ww、5.3 ng/g ww、4.4 ng/g ww、2.8 ng/g ww、1.3 ng/g ww 和 2.0 ng/g ww。

综合表 4.2 和表 4.4，可以发现一些代谢产物的检出率和浓度均高于其相应的母体化合物。例如，在小鲤鱼中检测到 BBOEP 水平较高（占总代谢物浓度的 15%），而其母体化合物（TBOEP）在所有样本中都未有检出。同样，在中国水蛇体内没有检测到 EHDPHP，但其代谢产物（EHPHP 和 5-HO-EHDPHP）却有比较高水平的检出，占总浓度的 9%。这可能表明 TBOEP 和 EHDPHP 在鱼类和中国水蛇体内的代谢潜力较大。Hou 等（2017）也在北京的野生淡水鱼中发现 BBOEP 处于较高水平，而 TBOEP 则是浓度最低的 PFR 污染物，这与本研究结果一致。PFRs 代谢物呈现高检出率且与母体化合物浓度相当，暗示着在野外生物监测调查研究中测量 PFRs 代谢物的重要性，因为这些从生物体内降解产生或者可能是来源于外部暴露的代谢物最能真实地反映出生物体内 PFRs 的污染情况（Li et al.，2020a）。因此，PFRs 代谢物可以为生物体内 PFRs 暴露提供可贵的定性信息，特别是譬如在本研究中 TBOEP 和 EHDPHP（亲本 PFRs）处于低 LODs，只能检测到它们代谢物的情况下，尽管这些代谢物的疏水性更低，并会以磷酸的形式被迅速地从生物体内清除（Hou et al.，2017）。

迄今为止，鲜少有野外研究报道过鱼体中 PFRs 代谢物的污染情况。Hou 等（2017）发现北京淡水鱼中 BBOEP、DNBP 和 DPHP 的平均浓度分别为 30.3 ng/g lw、64.5 ng/g lw 和 14.1 ng/g lw。Li 等（2020a）报道全球鱼粉中 BCIPP、DPHP、DNBP 和 BBOEP 的平均浓度分别为 1.65 ng/g dw、2.49 ng/g dw、0.60 ng/g dw 和 0.22 ng/g dw。除 DPHP 外，这些 DAPs 的浓度与本研究结果水平相当。He 等（2018）检测了来自澳大利亚东南部昆士兰州的鱼类和海鲜中的 11 种 PFRs 代谢物（包括 DAPs 和 PFRs-OH，对应于 9 种常见的 PFRs 污染物：TCEP、TCIPP、TDCIPP、TPHP、TNBP、TBOEP、TEHP、TMPP 和 EHDPHP），这些代谢物的平均总浓度为 0.43 ng/g ww，明显要低于本研究中的污染浓度。

该电子垃圾污染池塘中各水生动物的 PFRs 代谢物组成模式如图 4.6 所示，不同生物的 PFRs 代谢物组成各不相同。在水生食物链动物（鲫鱼、鲶鱼、小鲮鱼、乌鳢和沼虾）中，3-HO-TBOEP 为首要的 PFR 代谢物（占总浓度

表 4.4　电子垃圾污染池塘中水生动物的 PFRs 代谢产物浓度

单位：ng/g ww

	检出限/%	乌鳢	鲶鱼	大鲮鱼	小鲮鱼	鲫鱼	沼虾	小鲤鱼	中国水蛇	中国水蛇蛋
BCIPP	88	0.012±0.022	0.076±0.057	1.5±1.8	0.33±0.16	0.20±0.054	0.76±0.25	0.54±0.11	0.17±0.13	0.073±0.13
DNBP	100	0.29±0.22	0.34±0.20	0.50±0.14	0.95±0.40	1.3±0.48	0.83±0.76	0.51±0.32	0.47±0.30	0.39±0.29
DPHP	52	ND	ND	0.018±0.033	0.005±0.008	0.004±0.009	0.113±0.11	0.61±0.37	0.39±0.37	0.50±0.15
BBOEP	96	0.044±0.024	0.039±0.010	0.092±0.060	0.13±0.058	0.30±0.068	0.67±0.63	0.41±0.24	0.076±0.12	0.29±0.37
BCIPHIPP	100	0.46±0.16	0.11±0.040	0.53±0.044	0.89±0.091	0.60±0.038	0.22±0.17	0.19±0.16	0.029±0.013	0.037±0.013
EHPHP	100	0.040±0.009 0	0.13±0.060	0.12±0.034	0.43±0.078	0.25±0.031	0.30±0.24	0.24±0.24	0.11±0.033	0.32±0.10
BBOEHEP	85	0.049±0.011	0.030±0.017	0.064±0.010	0.085±0.011	0.046±0.012	0.024±0.008 0	0.019±0.010	ND	0.022±0.038
TBOEP-OH	100	1.1±1.0	1.0±1.3	0.45±0.24	11±3.0	2.0±0.32	1.4±2.2	0.019±0.009 0	ND	0.031±0.033
TPHP-OH	90	0.055±0.046	0.012±0.002 0	0.026±0.013	0.13±0.025	0.046±0.018	0.025±0.010	1.3±1.9	0.061±0.057	0.28±0.22
5-HO-EHDPHP	82	0.050±0.039	0.025±0.010	0.036±0.041	0.19±0.19	0.60±0.27	0.070±0.044	0.059±0.045	ND	0.046±0.080
∑PFRs 代谢物		2.1±1.3	1.8±1.6	3.3±2.0	14±3.4	5.3±0.71	4.4±1.8	2.8±0.41	1.3±0.49	2.0±0.41

注：ND 表示未有检出。

的 25%～77%)。大鲮鱼则以 BCIPP 为首要代谢物,占总浓度的 35%。此外,DNBP(6.7%～24%)、BCIPP(0.67%～35%)和 BCIPHP(6.0%～24%)在这些水生动物中也具有较高的占比。小鲤鱼和中国水蛇主要以 DNBP、DPHP 和 BCIPP 为主要污染物,分别占总浓度的 20%和 36%、21%和 29%、20%和 14%。从总体上看,各水生动物中 PFRs 代谢物的组成与其体内的母体 PFRs 化合物组成(以 TNBP、TCIPP 和 TPHP 主要 PFRs 污染物)大致相符。此外,这些水生动物中的 PFRs 代谢物以二酯类化合物为主。Wang 等(2017a)在斑马鱼的体内 PFRs 暴露实验中发现 DNBP、BDCIPP 和 DPHP 是 TNBP、TDCIPP 和 TPHP 的主要代谢产物,这与本研究结果相符。然而,值得注意的是,这可能对 TBOEP 不适用,因为我们发现水生食物链动物和大鲮鱼中 TBOEP 的羟基化产物(3-HO-TBOEP)的占比要显著高于二酯类代谢产物(BBOEP)(15%～77% vs 0.97%～17%);而小鲤鱼和中国水蛇中的情况则正好相反。不同生物对不同 PFRs 化合物可能具有不同生物转化潜力和转化模式,但由于我们没有在其体内检测到母体化合物(TBOEP),故无法对其进行较为综合的评价。此外,这两部分样品的采样时间相隔较远,水生食物链动物和大鲮鱼采集于 2014 年 12 月,小鲤鱼和中国水蛇采集于 2016 年 4 月,这可能也是一个影响因素。

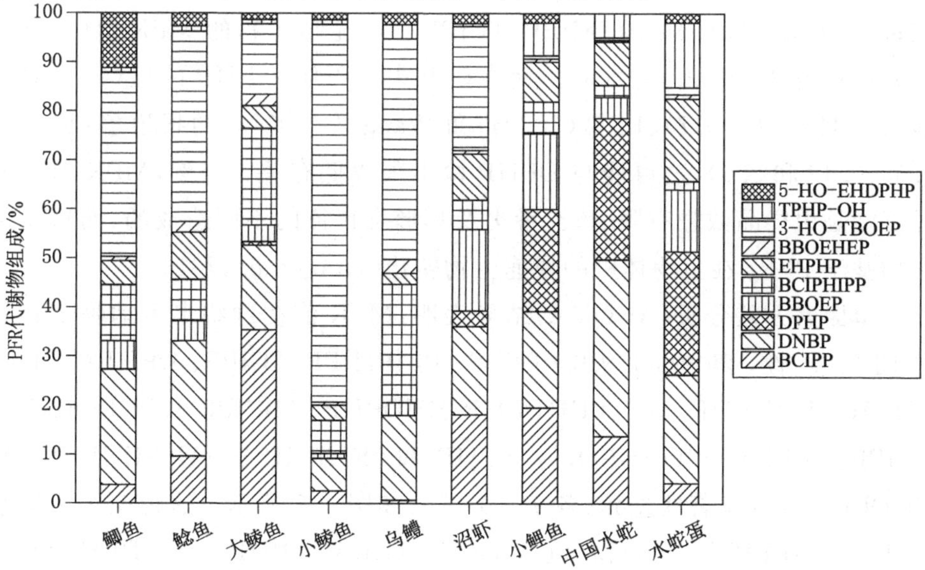

图 4.6　电子垃圾污染池塘中水生动物的 PFRs 代谢产物组成特征

代谢物/母体化合物的比值(MPR)可方便地用于比较母体化合物生物转化的种间差异性或代谢物的相对持久性(Hou et al.,2017;Kuo et al.,2016)。MPR 值高于 1,表明代谢物,而不是母体污染物,在生物中的富集潜力值得更多关注(Hou et al.,2017;Kuo et al.,2016;Tang et al.,2019)。这些水生动物中各组 MPR 值的平均范围分别是:BCIPP/TCIPP 为 0.006 7～0.78、BCIPHIPP/TCIPP 为 0.031～0.27、DNBP/TNBP 为 0.056～1.1、DPHP/TPHP 为 0～3.2、TPHP-OH/TPHP 为 0.002 4～0.42、EHPHP/EHDPHP 为 0.29～2.2、5-HO-EHDPHP/EHDPHP 为 0.12～2.1。大部分的 MPR 均值都小于 1;但中国水蛇中的 DNBP/TNBP 为 1.1 和 DPHP/TPHP 为 3.2,鲤鱼中的 EHPHP/EHDPHP 为 1.2,鲫鱼中的 5-HO-EHDPHP/EHDPHP 为 2.1,鲶鱼、小鲮鱼和沼虾中的 EHPHP/EHDPHP 分别为 1.1、2.2 和 1.4,这些比值均大于 1,表明 DNBP 和 DPHP 在中国水蛇中的累积,EHPHP 在鲤鱼中的累积,5-HO-EHDPHP 在鲫鱼中的累积,EHPHP 在鲶鱼、小鲮鱼和沼虾中的累积应受到更多关注。

已有研究报道 DNBP/TNBP 在北京河流淡水鱼(Hou et al.,2017)、全球鱼粉(Li et al.,2020a)和成年斑马鱼(Wang et al.,2017a)中的平均 MPR 值分别为 0.30、0.16 和 0.20,这与本研究鱼类样品的比值相近。此外,本研究鱼类(大鲮鱼除外)中的 BCIPP/TCIPP 值与全球鱼粉的 MPR 值(均值为 0.051)相当(Li et al.,2020a)。而本研究中 DPHP/TPHP 的值(0.1)要明显低于 Hou 等(2017)、Li 等(2020a)和 Wang 等(2017a)的报道值(分别为 0.63,0.48 和 2.0),这可能与 DPHP 检出限较低有关。当然,MPR 值的差异可能是由样品数量有限、鱼类种类及其形态特征的不同造成的,而这些结果均基于 PFRs 在生物体中的快速生物转化(Hou et al.,2016)。

单因素方差分析(ANOVA)结果表明,MPR 值在这些水生动物中具有种间特异性,其中,DNBP/TNBP、BCIPHIPP/TCIPP、DPHP/TPHP、EHPHP/EHDPHP、5-HO-EHDPHP/EHDPHP、(BCIPP + BCIPHIPP)/TCIPP、(DPHP + TPHP-OH)/TPHP 和(EHPHP + 5-HO-EHDPHP)/EHDPHP 具有显著性差异(各 $p<0.05$),如图 4.7 所示。这说明了不同水生动物对不同 PFRs 化合物(包括 TNBP、TCIPP、TPHP 和 EHDPHP)具有不同的生物转化潜能。在这些水生动物中,高营养级肉食性的中国水蛇对

3 种 PFRs 污染物(TNBP、TCIPP 和 TPHP)均具有显著最高的 MPR 值(各 $p<0.05$),表明中国水蛇比营养级较低的虾和鱼类具有更高的 PFRs 生物代谢潜能。由于在中国水蛇中没有检测到 EHDPHP,故无法计算其 MPR 值来进行对比。同时,在水生食物链动物(鲫鱼、鲶鱼、小鲮鱼、乌鳢和沼虾)中,捕食者乌鳢对 TNBP 和 TPHP 也具有显著更高的代谢潜能(MPR 值显著最高,各 $p<0.05$)。有趣的是,如前所述,可以发现这两种高营养级生物(中国水蛇和乌鳢)中的母体 PFRs 污染物(TNBP、TCIPP 和 TPHP)浓度都要显著低于其他生物(图 4.8)。因此,本研究在一定程度上证明了生物转化(代谢)是造成中国水蛇和乌鳢具有低污染物浓度(种间差异)的重要原因。当然,PFRs 代谢物水平与其母体化合物相当,甚至更高,也表明了监测 PFRs 代谢物来评估生物体中 PFRs 内部暴露的重要性,这对那些较高营养级生物尤为重要。

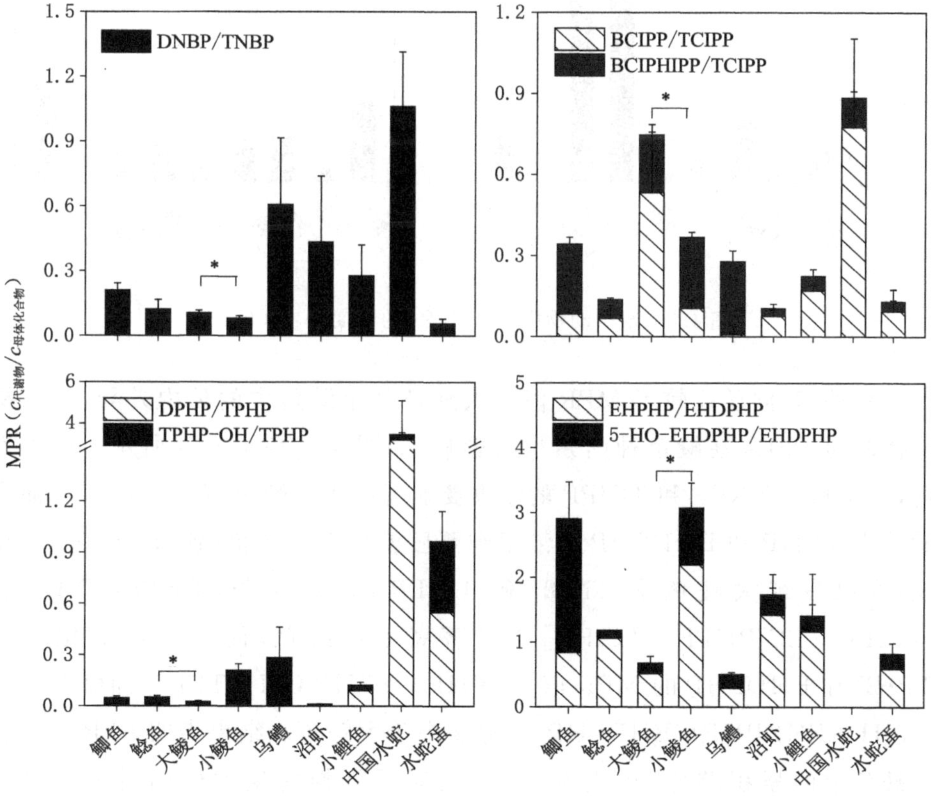

图 4.7　水生动物中代谢物与母体化合物的比值(MPR)(* $p<0.05$)

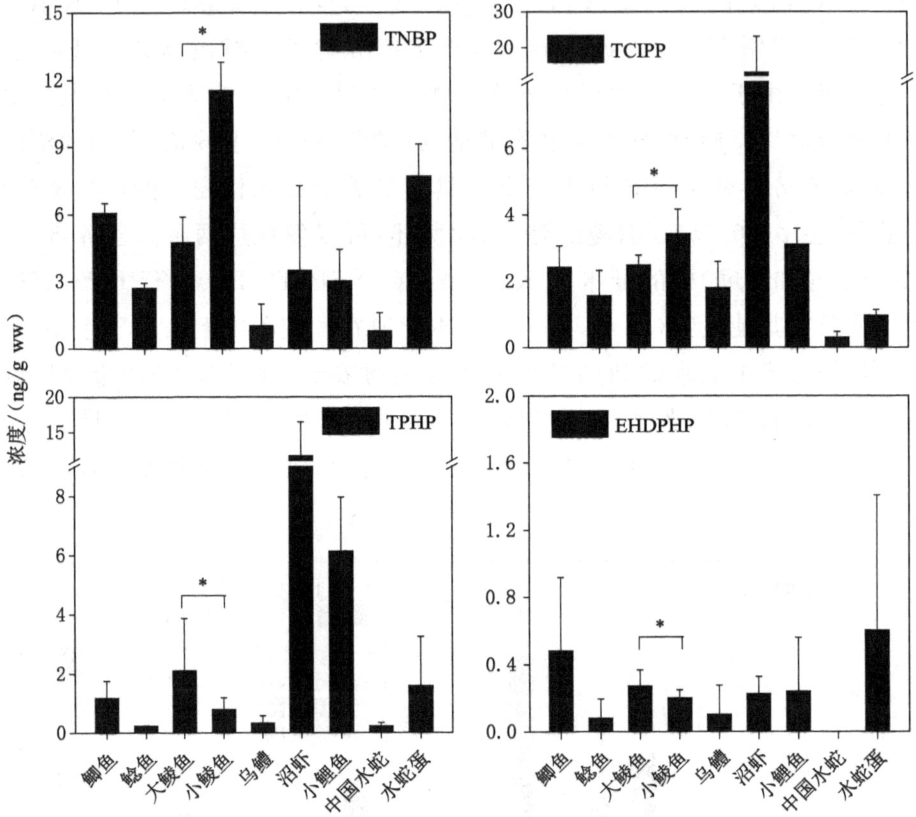

图 4.8　水生动物中母体 PFRs 的浓度(* $p<0.05$)

另外,我们还比较了 MPR 值在大鲮鱼和小鲮鱼中的种内差异,用来探究代谢对 PFRs 在鲮鱼种内累积的影响,如图 4.7 和图 4.8 所示。可以发现,小鲮鱼中 TNBP 和 TCIPP 的浓度要显著高于大鲮鱼(各 $p<0.05$),而大鲮鱼中 TPHP 和 EHDPHP 的浓度则要显著高于小鲮鱼(各 $p<0.05$)。相反,可以发现大鲮鱼中 TNBP 和 TCIPP 的 MPR 值[DNBP/TNBP 和 (BCIPP+BCIPHPP)/TCIPP]要显著高于小鲮鱼,而小鲮鱼对化合物 TPHP 和 EHDPHP 的 MPR 值[(DPHP+TPHP-OH)/TPHP 和(EHPHP+5-HO-EHDPHP)/EHDPHP]要显著高于大鲮鱼。结果表明 PFRs 在大、小鲮鱼中的累积差异(种内差异)与其对污染物的生物代谢潜力也是有关的。

4.5　生物富集因子

由于只有大鲮鱼、小鲮鱼、鲫鱼、鲶鱼、沼虾和乌鳢是同时与环境样品(水样和表层沉积物)从该电子垃圾污染池塘采集的，故只计算了这些水生动物对PFRs的生物富集因子(BAF)和生物-沉积物富集因子(BSAF)。在这些水生动物中，TNBP、TCEP、TCIPP、TDCIPP、TPHP、EHDPHP、TEHP和TCrP的BAF值范围分别为20～228、3.6～11、20～171、6.6～245、18～898、48～289、70～1109和58～906，lg BSAF值的范围分别为－1.18～－0.82、－1.81～－0.70、－1.25～－0.76、－1.75～－0.1、－1.4～－0.15、－2.02～－1.02、－0.56～0.41和－1.39～－0.58；具体见表4.5。已有研究报道，TCEP、TCIPP、TDCIPP、TNBP和TPHP在鲭鱼和鲫鱼中的BCF值分别为1.1～6.15、2.44、47～113、35～71.9和500(Choo et al.，2018；Sasaki et al.，1981；WHO，1998b)，这与本研究结果比较接近。Hou等(2017)发现TNBP、TCEP、TCIPP、TDCIPP、TPHP、EHDPHP和TEHP在中国北京淡水鱼中的平均BAF值分别为173、34.7、250、27.8、1 008、163和1 983，这也与本研究水平相当。此外，本研究中的BSAF值与Giulivo等(2017)调查的鱼体中的结果相似，但远低于Choo等(2018)和Wang等(2019)的报道值。

在这些不同的PFRs分析物中，TPHP、TEHP和TCrP拥有相对较高的BAF值和BSAF值，表明这些化合物具有更高的生物富集潜力，但是本研究计算的BAF值都要低于具有生物富集性的REACH标准值(BCF＞2000)(EU，2008a)。另外，除了乌鳢和沼虾中TEHP的BSAF值大于1以外(分别为1.4和2.6)，其他BSAF值都低于1。对lg BAF和lg K_{OW}，以及lg BSAF和lg K_{OW}进行相关性分析，以进一步研究疏水性对PFRs生物富集潜力的影响。结果显示，lg BAF和lg BSAF均与lg K_{OW}呈显著正相关关系(各 $p<0.05$)，其相关系数分别为0.62和0.53(图4.9)，表明PFRs在这些水生动物中的富集潜力仍可以通过其疏水性来估计，尽管可能受到代谢的影响。Hou等(2017)也在中国北京的3种淡水鱼体中发现8种PFRs化合物(lg K_{OW}范围为1.44～9.49)的lg BSAF值和lg K_{OW}之间存在显著的正相关关系。Wang等(2019)报道，当lg K_{OW}范围为1.44～5.73时，底栖无脊椎

动物中PFRs的lg BSAF值随lg K_{OW}的增加先增大而后减小。

表4.5 水生动物中PFRs的平均BAF和lg BSAF值

化合物		TNBP	TCEP	TCIPP	TDCIPP	TPHP	EHDPHP	TEHP	TCrP
BAF	乌鳢	20	8.5	24	11	25	61	133	109
	鲶鱼	53	5.2	20	—	18	48	70	58
	大鲮鱼	94	3.6	33	6.6	162	164	70	165
	小鲮鱼	228	3.9	45	8.5	60	121	188	189
	鲫鱼	120	4.1	32	17	90	289	242	382
	沼虾	69	11	171	245	898	136	1109	906
lg BSAF	乌鳢	−1.18	−0.7	−0.76	−0.98	−0.99	−1.06	0.14	−0.65
	鲶鱼	−0.83	−1.43	−1.13	—	−1.27	−2.02	−0.46	−1.39
	大鲮鱼	−0.87	−1.55	−1.07	−1.59	−0.54	−1.02	−0.56	−0.82
	小鲮鱼	−0.79	−1.81	−1.25	−1.75	−1.4	−1.46	−0.5	−1.14
	鲫鱼	−0.82	−1.56	−1.15	−1.2	−0.94	−0.82	−0.14	−0.58
	沼虾	−1.03	−1.2	−0.77	−0.1	−0.15	−1.16	0.41	−0.74

注：—表示数据不可用。

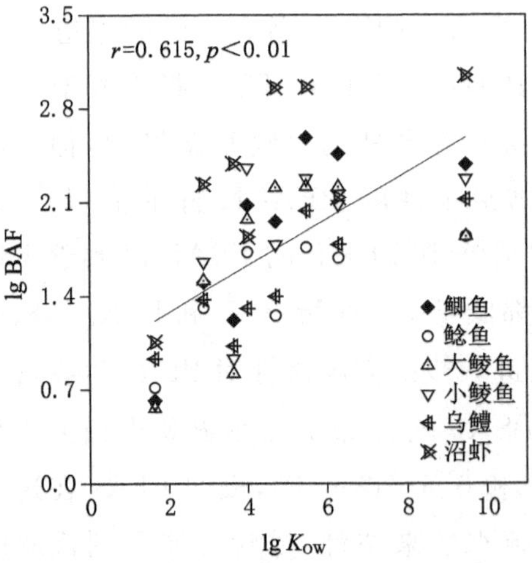

(a) lg BAF与lg K_{OW}

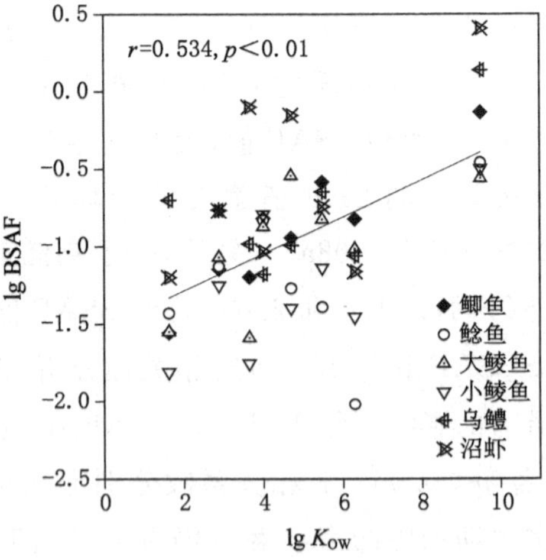

(b) lg BSAF与lg K_{OW}

图4.9 相关关系图

4.6　生物放大与食物链传递

（1）PFRs 在中国水蛇中的生物放大

普通鲤鱼是该电子垃圾污染池塘中一种常见的淡水鱼，由于其体型较小（3～5 cm），这些鱼是中国水蛇主要猎食对象之一。事实上，在解剖过程中，我们也经常在中国水蛇腹中发现小鲤鱼。本课题组以前的研究也利用稳定氮同位素分析鉴定了中国水蛇和普通鲤鱼之间的营养级关系（Wu et al.，2010）。为了综合评估 PFRs 在中国水蛇体内的生物放大效应，我们计算了 PFRs 及其代谢产物的生物放大因子（BMFs），即捕食者（中国水蛇）与被捕食者（小鲤鱼）体内污染物的浓度比值。

本研究中总 PFRs 和总 PFRs 代谢物的平均 BMF 值分别为 0.133 和 0.464，所有分析物的 BMF 值均小于 1（具体数值见表 4.6），表明这些污染物在中国水蛇体内没有发生生物放大。PFRs 在生物中有效的生物转化，特别是在较高营养级生物中国水蛇中的生物转化，可能是造成其呈生物稀释的重要原因。生物代谢潜力（MPR 值）与 BMF 之间的负相关关系（$r=-0.82$，$p>0.05$）也进一步揭示了生物转化对 PFRs 生物稀释的重要影响[图 4.10(a)]。Tang 等（2019）发现暴露于环境相关 PFRs 水平的鲤鱼的 MPR 值与各组织（如肌肉、肝脏、肠和腮）的 lg BCF 之间也存在显著的负相关关系，这与本研究结果一致。

表 4.6　PFRs 和 PFRs 代谢物在中国水蛇中的生物放大因子

化合物	生物放大因子（BMF）
TCEP	0.218
TCIPP	0.099 2
TNBP	0.262
TPHP	0.037 0
TEHP	0.105
TCrP	0.017 4
$\sum$PFRs	0.133
BCIPP	0.320

表 4.6(续)

化合物	生物放大因子(BMF)
DNBP	0.908
DPHP	0.611
BBOEP	0.185
BCIPHIPP	0.150
EHPHP	0.454
BBOEHEP	0.291
TBOEP-OH	0.325
TPHP-OH	0.310
∑Total metabolites	0.464

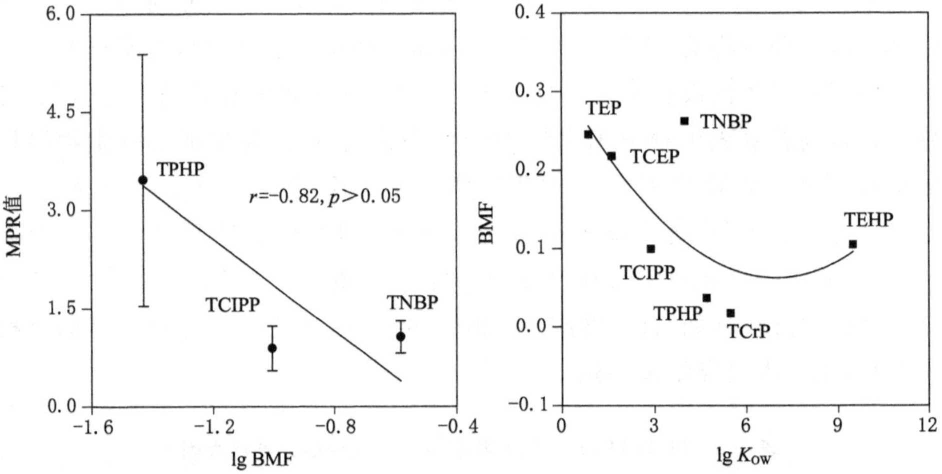

(a) lg BMF与MPR (b) lg K_{OW}与BMF

图 4.10 相关关系图

此外，中国水蛇的 BMF 值与 lg K_{OW}之间呈反向抛物线相关关系[图 4.10(b)]。而以前研究报道的卤代有机污染物(PBDEs 或 PCBs)的 BMF 值与 lg K_{OW}之间具有抛物线相关关系(Burreau et al.,2006;de Bruyn et al.,2009;Wu et al.,2009a,2009b)，这与本研究结果不同。如前所述，我们猜测这些差异主要与 PFRs 在中国水蛇体内的高效生物转化有关。PFRs 在生物体中的半衰期($t_{1/2}$)远短于 PBDEs(Hou et al.,2016)。通常来说，具有较低的生物富集潜力的 PFRs(lg K_{OW}<3)在生物体中的清除速率较高，$t_{1/2}$ 较短(Green et al.，2007)。此外，其他潜在的食物来源(如青蛙)对中国水蛇的贡献也应该考虑在内。由于中国水蛇样品数量及捕食对象有限，我们只能对其生物放大行为进行较为粗略的研究。

(2) PFRs 在水生食物链上的营养级传递

稳定同位素分析可用于分析食物网的结构，帮助阐明具有生物富集性的化学物质在食物网中的营养流动。δ^{15}N 常用来测定生物体的营养级水平，生物体的营养级水平通常随 δ^{15}N 值的增加而增加。如图 4.11 所示，本研究中水生动物的 δ^{15}N 值通常按虾、杂食性鱼类和肉食性鱼类依次增加。值得注意的是，小鲮鱼的 δ^{15}N 值比肉食性鲶鱼更高，这可能与两个因素有关：一是这两种鱼类可能存在的不同食物来源，二是鲶鱼样本数量太少。鲮鱼在幼年时主要以浮游动物为食，如轮虫类、桡足类和小枝蛤类，而成鱼则主要以浮游植物为食。本研究中大鲮鱼和小鲮鱼的相对营养位置也有差别，小鲮鱼的 δ^{15}N 值高于大鲮鱼。尽管如此，它们都表现出相似的 δ^{13}C 值。两种肉食性鱼类(乌鳢和鲶鱼)的 δ^{13}C 值与沼虾相似，说明沼虾可能是两者的主要食物来源(Sun et al.，2017a)。此外，在解剖过程中，我们也经常在乌鳢的胃里发现小鲮鱼，这表明小鲮鱼也是乌鳢的猎物。大鲮鱼被排除在本研究的食物链调查之外，因为它们体型庞大，无法成为捕食者的猎物。

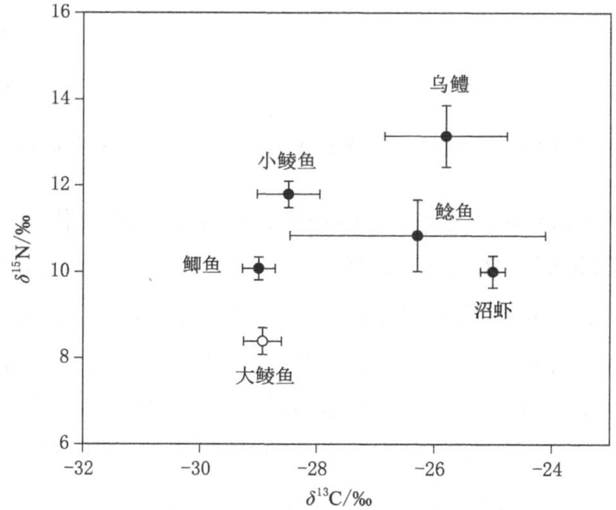

图 4.11　电子垃圾污染池塘中水生动物的碳氮稳定同位素比值

由于缺乏基准生物(初级生产者或初级消费者),我们用每个生物的 $\delta^{15}N$ 值来表示其在食物链中的相对营养位置。由于总 PFRs 和 TNBP 的浓度与肌肉组织的脂肪含量呈正相关关系,故我们对 $\delta^{15}N$ 值与污染物湿重浓度和脂肪归一化浓度都进行了相关性分析,如图 4.12 所示。可以发现,$\delta^{15}N$ 值与总 PFRs、TNBP 和 TPHP 经对数转化的湿重浓度($\ln c_{ww}$)之间存在显著的负相关关系,经计算,其 TMF 值分别为 0.72、0.57 和 0.62。结果表明,总 PFRs、TNBP 和 TPHP 在该水生食物链上发生了营养级稀释。当然,造成这种负相关关系的原因主要跟捕食者(乌鳢)的脂肪含量和 PFRs 污染浓度较低有关。此外,TNBP 和 TPHP 经对数转化的脂肪归一化浓度($\ln c_{lw}$)与 $\delta^{15}N$ 值仍呈微弱的负相关关系。

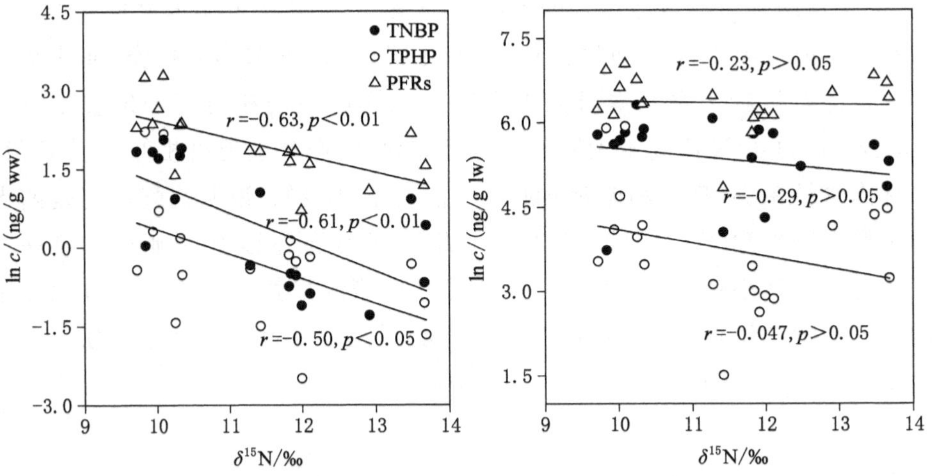

图 4.12 水生食物链生物 PFRs 浓度与 $\delta^{15}N$ 的相关关系图

据我们所知,目前有关水生食物网中 PFRs 营养级传递的研究报道较少,其结果不尽相同。Brandsma 等(2015)表明 TBOEP、TCIPP 和 TCEP 在底栖食物链中呈营养级放大现象,其 TMF 值分别为 3.5、2.2 和 2.6;而其他化合物(如 TNBP、TPHP 和 EHDPHP)在浮游或总(底栖+浮游)食物链中都呈食物链稀释现象。食物链的结构和长度可能是造成研究结果不同的主要原因。Zhao 等(2018)发现 TCIPP、TDCIPP 和 TMPP 在太湖水生食物链中进行了营养级稀释;然而,Wang 等(2019)仅发现 EHDPHP 在太湖食物网中发生了营养级放大,其 TMF 为 3.6。此外,Kim 等(2011)发现马尼拉湾海洋底栖鱼中的 TPHP 浓度与其 $\delta^{15}N$ 值之间存在显著正相关关系，说明 TPHP 具有生物放大潜能。总体而言，食物链的结构与长度、研究生物的生化参数（如大小、脂肪含量、年龄和性别等）、食性和栖息地以及生物对 PFRs 的生物转化或代谢潜力，甚至一些环境参数（如溶解有机质、悬浮粒子和水温等）都可能是造成 PFRs 营养级动力学差异的原因（孙闰霞，2016；余乐洹，2013；Sun et al.，2017a；Wang et al.，2019）。

此外，我们也对 $\delta^{15}N$ 值与 PFRs 代谢物湿重浓度、$\delta^{15}N$ 值与 PFRs 代谢物脂肪归一化浓度进行了相关性分析，具有显著相关关系的结果如图 4.13 所示。如图 4.13(a) 所示，BBOEP 湿重浓度与 $\delta^{15}N$ 值呈显著负相关关系（$p<0.05$），其 TMF 值为 0.66，表明 BBOEP 在该水生食物链中进行了营养级稀释。此外，DNBP、EHPHP 和 BBOEHEP 的湿重浓度均与 $\delta^{15}N$ 值呈显著抛物线相关关系（各 $p<0.05$）。而其他化合物与 $\delta^{15}N$ 值无明显相关关系。另一方面，如图 4.13(b) 所示，BBOEP 和 5-HO-EHDPHP 的脂肪归一化浓度均与 $\delta^{15}N$ 值呈显著负相关关系，其 TMF 值分别为 0.68 和 0.53。而 TBOEP-OH 和 TPHP-OH 的脂肪归一化浓度均与 $\delta^{15}N$ 呈反向抛物线相关关系。

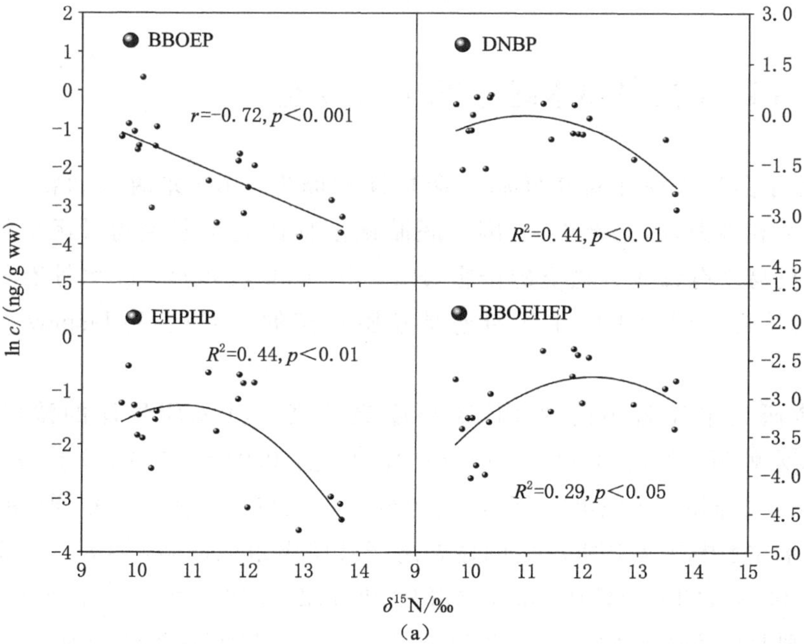

(a)

图 4.13　水生食物链生物 PFRs 代谢物浓度与 $\delta^{15}N$ 的相关关系图

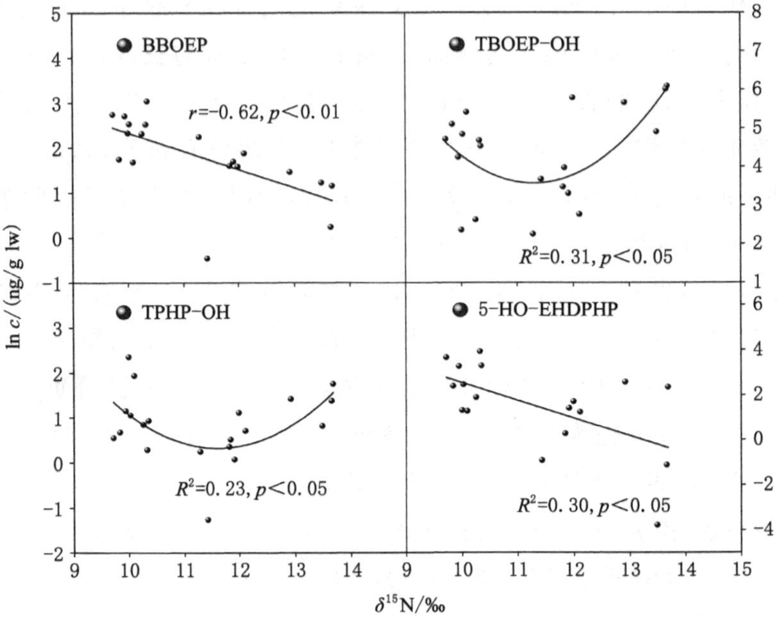

(b)

图 4.13 （续）

4.7 PFRs在中国水蛇中的子代传递

化学品暴露往往对在胚胎生命早期的卵生生物（如两栖动物、爬行动物、鱼类和鸟类）的危害更大，因为胚胎期生物比成年期生物对污染物更为敏感，更易受有毒化学物质的侵害（Russell et al.，1999）。疏水性有机污染物从母体转移到卵中的子代传递是胚胎暴露的主要途径（Jaspers et al.，2006）。

本研究水蛇蛋中的总 PFRs 浓度显著高于其相应母体的浓度（$p<0.05$）[水蛇蛋：(3.7±3.1) ng/g ww；中国水蛇：(0.92±0.86) ng/g ww]（具体见表 4.2）。同时，水蛇蛋中 PFRs 的组成模式也与其母体不尽相同（图 4.1）。譬如，水蛇蛋中 TNBP 所占比例显著高于其肌肉组织（58% vs 34%），而氯代 PFRs（包括 TCEP、TCIPP 和 TDCIPP）和 TEP 在肌肉中所占比例（26%和13%）则要显著高于水蛇蛋（10%和 8%）。水蛇蛋和肌肉之间 PFRs 浓度和组成的变化可能是由不同化合物子代传递效率不同造成的（Liu et al.，2018c）。

根据 Russell 等(1999)和 Oka 等(2006)提出的有机污染物子代传递理论,我们用水蛇蛋中的污染物总量与蛇中的污染物总量的百分比(ECER)和水蛇蛋中污染物的脂肪归一化浓度与中国水蛇的浓度比(ECR_L)来研究中国水蛇中 PFRs 的子代传递效率。ECER 和 ECR_L分别按式(4.4)和式(4.5)计算(Oka et al.,2006;Russell et al.,1999):

$$ECER = c_{egg} \times m_{egg} / (c_{muscle} \times m_{muscle} + c_{egg} \times m_{egg}) \times 100\% \tag{4.4}$$

$$ECR_L = c_{egg} / c_{muscle} \tag{4.5}$$

式(4.4)中,c_{egg}和 c_{muscle},m_{egg}和 m_{muscle}分别代表了中国水蛇蛋和肌肉中污染物的湿重浓度,以及中国水蛇蛋和肌肉的湿重质量。式(4.5)中,c_{egg}和 c_{muscle}分别代表了中国水蛇蛋和肌肉中污染物的脂肪归一化浓度。

本研究中水蛇蛋的质量占水蛇总重的 27%。TEP、TCEP、TCIPP、TNBP、TPHP、TEHP 和 TCrP 的平均 ECER 和 ECR_L 值分别为 48%和 0.15、54%和 0.18、59%和 0.26、91%和 1.7、67%和 0.63、79%和 3.0、66%和 0.34。所有化合物的 ECER 值均高于 27%,表明这些 PFRs 优先沉积在中国水蛇蛋中。这主要跟样品的脂肪含量有关,水蛇蛋的脂肪含量(14%±2.3%)几乎是肌肉脂肪含量(0.72%±0.08%)的 20 倍。除 TNBP 和 TEHP 外,所有 PFRs 的脂肪归一化浓度比(ECR_L)均小于 1。通过对 PFRs 的子代传递效率与 lg K_{OW}进行相关性分析,探究 PFRs 化合物在中国水蛇中的子代传递规律。如图 4.14 所示,ECER 值与 lg K_{OW}之间存在显著正相关关系($r=0.80$,$p<0.05$)。同时,lg ECR_L与 lg K_{OW}也具有较强的正相关性,尽管其没有显著性($r=0.69$,$p=0.052$)。Liu 等(2018c)在研究卤代有机污染物(包括 PCBs、PBDEs、DDT、DP、DBDPEs 等)在这些中国水蛇中的子代传递时发现,当 lg K_{OW}小于 6 时,子代传递效率似乎与其 lg K_{OW}呈正相关关系;当 lg K_{OW}在 6 到 8 之间时,中国水蛇的 ECR_L值高于 1 并保持不变;而当 lg K_{OW}大于 8 时,其 ECR_L随 lg K_{OW}增加而降低。

据我们所知,有机污染物在卵生生物中的子代传递规律存在较大的种间差异。在欧洲鳗鱼中,溴代阻燃剂的子代传递效率与 lg K_{OW}(范围为 3～15)呈强正相关关系(Sühring et al.,2015),而其在中华鲟鱼中则呈显著负相关关系(lg K_{OW} 范围为 5～10)(Peng et al.,2012;Zhang et al.,2010)。Wu 等(2009a)报道,PBDEs 在青蛙中的子代传递潜能(卵/肝)随溴原子数量增加而增大(溴原子数小于 7),然后随其增加呈下降趋势。Nyholm 等(2008)发现,在斑马鱼中,疏水化合物(即 BDE183 和 209)比低疏水化合物(即 BDE28 和 HBCDs)具有更高的子代传递效率。中国水蛇体内有机污染物的子代传递规律与其他物种不同。然而,由于研究样本有限,仍需要更多的研究来证实,去更好地阐明污染物在卵胎生生物中的子代传递机制。

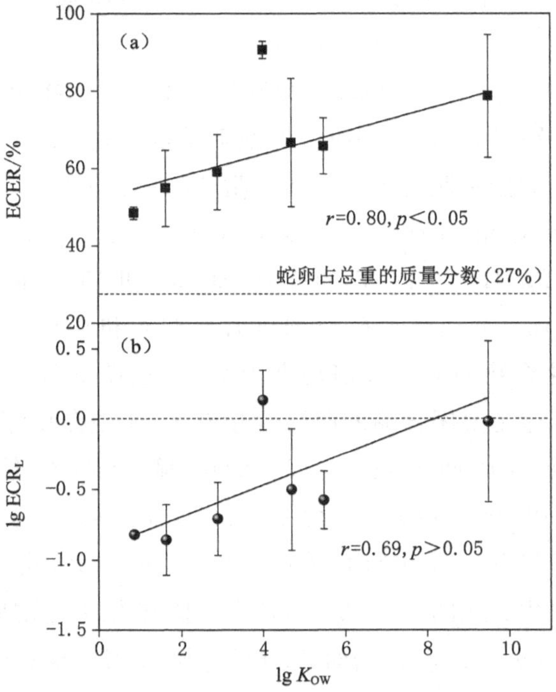

图 4.14 相关关系图

4.8 本章小结

本章以典型电子垃圾污染区封闭水生系统的水生动物(沼虾、鲮鱼、鲫鱼、鲶鱼、乌鳢、鲤鱼和中国水蛇)为研究对象,主要探究了 PFRs 在这些水生动物中的种间和种内特异性富集、生物代谢、生物放大与食物链传递行为。此外,还讨论了 PFRs 在鱼体内部的组织分布情况,及在中国水蛇体内的子代传递特征。主要结论如下：

(1) 亲脂性(lg K_{OW})仍然是决定 PFRs 在水生动物中富集的重要因素，尽管受到代谢的影响。主要体现在三个方面：① 各水生动物(肌肉)中的 PFRs 浓度与其脂肪含量呈显著正相关关系。② 大鲮鱼和乌鳢各组织中的 PFRs 浓度均与其脂肪含量呈显著正相关关系。③ 各水生动物的 lg BAF 和 lg BSAF 均与 lg K_{OW} 呈显著正相关关系。

(2) PFRs 在中国水蛇体内的 BMF 值范围为 0.017～0.26，无生物放大效应。总 PFRs、TNBP 和 TPHP 在水生食物链(沼虾-杂食性鱼类-肉食性鱼类)上呈营养级稀释，TMF 值分别为 0.72、0.57 和 0.62。

(3) 生物转化(代谢)过程对 PFRs 的生物富集具有重要影响，这也是导致 PFRs 在水生动物中的浓度和组成模式具有种间和种内特异性，以及在野外食物链上呈稀释而非放大的重要原因。

(4) 中国水蛇蛋中 PFRs 的浓度和组成模式与其母体肌肉差异明显，主要可能与不同化合物的子代传递效率不同有关。PFRs 化合物倾向于在高脂肪含量的水蛇蛋中沉积，PFRs 在中国水蛇中的子代传递效率与 lg K_{OW} 呈显著正相关关系。

第 5 章　PFRs 在两栖蛙类和昆虫中的富集与子代传递

近十余年来，随着 PFRs 的大量使用和高环境赋存水平的检出，PFRs 引起越来越多的研究人员的重视，PFRs 的生物富集特征已成为热点问题。然而，大多数现有的报道主要集中在鱼类等水生野生动物中的 PFRs 研究（Brandsma et al.，2015；Choo et al.，2018；Hou et al.，2017；Zhao et al.，2018），而有关陆生动物，如低营养级的昆虫和两栖类动物的研究则极其匮乏。

在过去的几十年中，化学品污染已被证实是导致全球两栖动物数量下降的主要原因之一（Smalling et al.，2015）。两栖动物对环境变化特别敏感，通常被用作环境监测的指示生物（Sparling et al.，2010）。青蛙是一类重要的两栖动物，已被广泛用于 OCPs、PCBs、多氯二苯并-对-二噁英和二苯并呋喃（PCDD/Fs）、CPs 和 PBDEs 等有机污染物的环境调查研究（Du et al.，2019；Kadokami et al.，2004；Wu et al.，2009a）。但是，目前仍没有任何有关两栖蛙类中 PFRs 的内部暴露和子代传递特征的报道。

昆虫是水生和陆地生态系统中不可或缺的组成部分。从摄食关系的角度来看，昆虫与初级生产者（植物）和高级消费者密切相关，并且由于其种类繁多且生物量巨大，昆虫在水生和陆生食物网之间占据独特的营养位置（Baxter et al.，2005；Singer et al.，2005）。因此，昆虫是跨生境运输的重要载体，并且在生态系统的物质和能量流动中起重要作用（Bartrons et al.，2015；Rosenberg et al.，1986）。昆虫中持久性和有毒有机污染物的生物富集和传递已引起越来越多的环境研究人员的关注。迄今为止，已有研究调查了野生昆虫中 PCBs、PAHs 和 PBDEs 等持久性有机污染物的富集水平（Bartrons et al.，2007；Kraus et al.，2014；Liu et al.，2018d）。但是，有关昆虫体内 PFRs 的污染研究仍比较匮乏。Poma 等（2019a，2019b）曾报道了电子垃圾拆解区的少许野生昆虫和一些食用昆虫，亚洲和欧洲的一些以昆虫为食的生物中 PFRs 的污染情况。

变态发育是大多数昆虫生命周期中必不可少的阶段(Truman et al.，1999)，变态过程可以对昆虫中的污染物产生调节作用，直接导致以昆虫成虫、幼虫为食的高营养级生物中的污染物暴露和通量的差异(Bartrons et al.，2007；Gaylor et al.，2014；Larsson，1984)。变态发育过程对昆虫中有机污染物的生物富集具有重大影响(Daley et al.，2011)。Kraus 等(2014)发现在变态过程中水生昆虫中 PAHs 的浓度显著降低；相对于幼虫，成虫体内的 PAHs 浓度降低了 2～125 倍；而 PCBs 则倾向于留存并富集在成虫体内，PCBs 在成虫体内的浓度比幼虫高约三倍。此外，Liu 等(2018d)发现 4 类昆虫[蜻蜓、蝴蝶(蛾)、蝗虫和荔蝽]的成幼虫中卤代有机污染物(PCBs、PBDEs 等)的浓度比与 lg K_{OW}之间存在一致的非线性关系。近年来，变态过程对昆虫中持久性有机污染物生物富集的影响在环境研究领域受到了一定程度的关注。但是，目前仍缺乏有关 PFRs 生物富集的研究，尤其是完全没有任何有关昆虫变态过程中 PFRs 和这些 POPs 之间生物富集特征差异的信息。

因此，本章以两类典型动物——两栖蛙类和昆虫为研究对象，主要探究了 PFRs 在蛙类中的性别特异性累积特征，并对其子代传递行为进行了讨论。针对 6 类昆虫样品[荔蝽、蝴蝶(蛾)、蝗虫、蜻蜓、水甲虫和铜绿丽金龟]，主要调查了 PFRs 在不同昆虫类群中的累积特征，评估了 PFRs 在蝗虫幼虫和蛾幼虫中的生物放大潜能，并探究了变态发育对昆虫中 PFRs 富集的影响。

5.1　样品采集和分析

5.1.1　样品采集

我们于 2019 年 4 月在广东省清远市龙塘镇白鹤塘及周边地区(半径 500 m 内)采集了两种蛙类样品(黑斑蛙，Rana nigromaculata；牛蛙，Rana catesbeiana)。具体的样品信息如表 5.1 所示。

表 5.1 电子垃圾污染区蛙类样品信息

物种	*N*	体长/cm	体重/g
黑斑蛙(Rana nigromaculata)(雄)	14	7.2±0.48	30±5.3
黑斑蛙(Rana nigromaculata)(雌)	11	7.9±0.51	38±8.4
牛蛙(Rana catesbeiana)(雄)	5	9.3±1.3	61±16
牛蛙(Rana catesbeiana)(雌)	5	11±1.2	110±28

于 2015 年 9 月至 2016 年 11 月在该电子垃圾污染区采集了荔蝽(*Hemiptera*, *Tessaratoma papillosa*)、蝴蝶(*Lepidoptera*, *Papilionoidea*, *Pieridae*, *Nymphalidae*)、蛾(*Lepidoptera*, *Lasiocampidae*, *Arctiidae*, *Pyralidae*)、蝗虫(*Orthoptera*, *Oxya chinensis*)、蜻蜓[*Odonata*, *Aeshnidae* (Rambur)]、水甲虫(*Coleoptera*, *Sternolophus inconspicuus*)、铜绿丽金龟(*Coleoptera*, *Anomala corpulenta*)、番石榴叶(*Psidium guajava*)和草样(*Poaceae*)。具体采样点和研究样品信息分别如图 5.1 和表 5.2 所示。

图 5.1 电子垃圾污染区昆虫和环境样品的采样点示意图

表 5.2 电子垃圾污染区昆虫和环境样品信息

物种	生长阶段	*N*	脂肪/%	$\delta^{13}C$/‰	$\delta^{15}N$/‰	栖息地
荔蝽	成虫	9(62)	15.38±2.1	−29.89±0.36	6.90±1.60	—
	幼虫	6(42)	21.86±4.64	−30.18±0.42	4.90±0.53	龙眼树
蝴蝶	成虫	6(147)	3.50±0.95	−28.70±1.85	4.30±1.74	—
	幼虫	2 (60)	6.46±1.21	−29.22±0.22	3.82±0.71	—

表 5.2(续)

物种	生长阶段	N	脂肪/%	$\delta^{13}C$/‰	$\delta^{15}N$/‰	栖息地
蛾	幼虫	6(82)	0.77±0.15	−29.94±0.35	4.17±0.38	番石榴树
蝗虫	成虫	5(191)	1.97±0.32	−13.80±0.37	3.69±0.13	—
	幼虫	5(178)	2.32±0.55	−17.00±2.71	3.41±0.74	草地
蜻蜓	成虫	3(123)	3.90±0.42	−23.03±0.21	7.45±0.14	—
	幼虫	3(373)	2.80±0.28	−29.61±0.57	7.96±0.58	农田沟渠
水甲虫		12(90)	2.98±0.49	−23.04±0.94	3.36±0.37	池塘
铜绿丽金龟		5(45)	2.32±0.35	−24.01±0.94	3.22±0.54	番石榴树
番石榴叶		3		−30.50±1.48	4.24±0.84	—
草		5		−13.34±0.17	3.04±0.16	—

5.1.2　样品分析

本章两栖蛙类和昆虫中 PFRs 的分析采用的是超声提取-固相萃取和 LC-MS/MS 分析法，共检测了 15 种目标化合物，具体分析流程参照第 2 章内容。

5.2　蛙类中的 PFRs

5.2.1　浓度和组成

本章共检测了两种蛙类(黑斑蛙和牛蛙)样品中的 15 种 PFRs 污染物。其中，13 种化合物有检出，包括 TEP(97%)、TCEP(100%)、TCIPP(95%)、TNBP(88%)、TDCIPP(58%)、TPHP(96%)、TBOEP(89%)、EHDPHP(92%)、TCrP(65%)、TEHP(97%)、iDDPHP(83%)、RDP(75%)和 BDP(85%)。除 TDCIPP、TCrP 和 RDP 外，各 PFRs 的检出率均在 80%以上。黑斑蛙和牛蛙各组织中的 PFRs 浓度分别见表 5.3 和表 5.4。黑斑蛙组织中的总 PFRs 平均浓度范围为 1.4 ng/g ww(雄蛙肺组织)至 13 ng/g ww(雌蛙肝脏组织)；牛蛙组织中的总 PFRs 平均浓度范围为 3.6 ng/g ww(雌蛙和雄蛙肺组织)至 46 ng/g ww(雌蛙肝脏组织)。本研究首次报道了野生蛙类中的 PFRs 污染情况。蛙类中的 PFRs 浓度与本书第 4 章中在该电子垃圾污染区收集的水生鱼类(3.5～19 ng/g ww)的污染水平相当,但高于中国水蛇(0.8～3.5 ng/g ww)。Poma 等(2019a)检测到该地区几种野生昆虫(如蜻蜓若虫、飞蛾成虫和陆生臭虫等)中 PFRs 的平均浓度为 12 ng/g ww。本研究青蛙中的 PFRs 浓度水平与水生鱼类相当,总体低于昆虫,但高于中国水蛇;这也可能暗示着 PFRs 在食物网中具有生物稀释潜能,尽管这些样品的采集时间相隔较远。

表 5.3 黑斑蛙各组织的 PFRs 浓度 单位:ng/g ww

组织样	雌黑斑蛙						
	肌肉	卵	肝脏	心脏	肾脏	肠	肺
N	11	11	11(3)	11(3)	11(3)	11(3)	11(3)
TEP	0.060±0.013①	1.4±1.9	0.18±0.17	0.070±0.030	0.16±0.070	0.08±0.040	0.14±0.060
TCEP	0.64±0.12	5.9±8.2	2.8±0.55	1.0±0.44	1.4±0.73	0.64±0.25	2.1±1.1
TCIPP	0.46±0.25	0.62±0.74	6.0±0.50	0.030±0.050	0.67±0.38	0.30±0.44	1.6±0.83
TNBP	0.16±0.032	0.015±0.014	0.68±0.32	0.40±0.33	0.56±0.73	0.16±0.11	0.28±0.15
TDCIPP	0.13±0.19	ND②	1.0±0.99	0.61±0.38	1.0±0.82	0.22±0.090	0.62±0.59
TPHP	0.064±0.024	0.96±0.94	0.62±0.45	0.90±0.75	3.4±3.9	0.62±0.54	0.84±0.43
TBOEP	0.003 0±0.002 0	0.21±0.19	0.29±0.41	0.050±0.080	2.8±1.7	1.2±2.0	0.42±0.66
EHDPHP	0.057±0.035	1.7±1.4	0.99±1.0	0.35±0.39	0.22±0.12	0.13±0.11	0.060±0.10
TCrP	0.001 0±0.002 0	0.032±0.038	0.050±0.010	0.28±0.29	0.18±0.10	0.060±0.060	0.090±0.070
TEHP	0.058±0.013	0.13±0.062	0.15±0.070	0.33±0.31	0.080±0.070	0.070±0.060	0.060±0.060
iDDPHP	0.010±0.008 0	0.070±0.064	0.14±0.040	0.31±0.25	0.46±0.13	0.18±0.18	0.22±0.11
RDP	0.004 0±0.002 0	0.035±0.031	ND	0.010±0.010	0.020±0.020	0.010±0.010	ND
BDP	0.017±0.027	0.17±0.16	0.15±0.040	0.18±0.20	0.44±0.36	0.12±0.10	0.070±0.060
$\sum$PFRs	1.7±0.72	11±14	13±4.6	4.50±3.5	11±9.1	3.8±4.0	6.5±4.2
组织样	雄黑斑蛙						
	肌肉	性腺	肝脏	心脏	肾脏	肠	肺
N	14	14(3)	14(3)	14(3)	14(3)	14(3)	14(3)
TEP	0.16±0.034	0.21±0.21	0.040±0.010	0.020±0.010	0.10±0.010	0.030±0.010	0.030±0.020
TCEP	0.92±0.22	2.2±0.59	0.89±0.25	0.82±0.18	0.81±0.32	0.58±0.19	0.56±0.20
TCIPP	0.80±0.081	0.68±0.28	0.76±0.78	0.72±0.83	1.3±1.0	0.32±0.070	0.29±0.030

表 5.3(续)

组织样	雄黑斑蛙						
	肌肉	性腺	肝脏	心脏	肾脏	肠	肺
TNBP	0.17±0.043	0.62±0.37	0.30±0.12	0.070±0.070	0.040±0.070	0.020±0.020	0.040±0.030
TDCIPP	0.044±0.021	0.024±0.037	0.010±0.020	0.31±0.16	0.10±0.11	0.040±0.030	0.10±0.090
TPHP	0.070±0.020	0.90±0.81	0.14±0.13	0.23±0.17	0.33±0.060	0.27±0.11	0.12±0.12
TBOEP	0.015±0.009 0	0.53±0.46	ND	0.020±0.030	1.5±1.2	0.20±0.15	0.050±0.050
EHDPHP	0.14±0.045	0.96±0.868	0.14±0.13	0.090±0.070	0.36±0.24	0.14±0.060	0.12±0.11
TCrP	ND	0.096±0.060	0.020±0.020	0.060±0.060	0.070±0.030	0.030±0.010	0.020±0.010
TEHP	0.072±0.031	0.34±0.15	0.070±0.080	0.080±0.040	0.19±0.040	0.10±0.010	0.060±0.050
iDDPHP	0.038±0.016	0.22±0.19	0.050±0.070	0.070±0.030	0.12±0.050	0.040±0.020	0.050±0.050
RDP	0.015±0.009 0	0.028±0.004 0	ND	ND	ND	ND	0.010±0.010
BDP	0.026±0.021	0.099±0.15	0.040±0.060	0.010±0.010	0.040±0.020	0.090±0.15	0.010±0.010
∑PFRs	2.5±0.55	6.9±2.2	2.5±1.7	2.5±1.7	5.0±3.1	1.9±0.82	1.4±0.78

注:① 表示均值±标准偏差;

② ND表示未有检出。

表 5.4　牛蛙各组织的 PFRs 浓度　　单位:ng/g ww

组织样	雌牛蛙						
	肌肉	卵	肝脏	心脏	肾脏	肠	肺
N	5	5	5	5	5	5	5
TEP	0.38±0.35①	5.0±3.0	1.9±1.8	0.070±0.10	0.55±0.67	0.30±0.23	0.060±0.050
TCEP	1.7±1.5	26±14	19±16	4.0±2.1	6.7±7.2	1.6±1.7	1.5±1.1
TCIPP	0.42±0.30	0.47±0.22	0.62±0.22	0.77±0.40	0.25±0.21	0.16±0.15	0.16±0.23
TNBP	0.12±0.060	0.41±0.24	0.56±0.20	0.11±0.050	0.10±0.030	0.070±0.030	ND②
TDCIPP	0.060±0.060	0.49±0.52	0.59±0.33	ND	0.030±0.030	0.070±0.040	0.050±0.070
TPHP	0.38±0.21	3.4±2.0	17±25	0.010±0.020	1.3±1.2	1.2±1.1	0.56±0.39
TBOEP	0.070±0.070	0.34±0.39	2.0±1.6	ND	2.1±1.7	0.75±0.49	0.49±0.49
EHDPHP	0.32±0.18	0.80±0.74	0.49±0.55	0.020±0.030	0.86±0.72	0.69±0.33	0.23±0.31
TCrP	0.010±0.010	0.040±0.030	1.1±0.43	0.56±0.22	0.57±0.65	0.090±0.030	0.26±0.21
TEHP	0.070±0.040	0.24±0.12	0.54±0.45	0.050±0.040	0.16±0.080	0.17±0.040	0.16±0.11
iDDPHP	0.11±0.050	0.21±0.10	0.26±0.45	ND	0.040±0.050	0.10±0.090	0.080±0.12
RDP	0.060±0.040	0.12±0.090	0.49±0.46	ND	0.070±0.060	0.13±0.080	0.030±0.040

表 5.4(续)

组织样	雌牛蛙						
	肌肉	卵	肝脏	心脏	肾脏	肠	肺
BDP	0.090±0.040	0.48±0.27	0.76±0.77	0.32±0.70	0.13±0.070	2.3±4.5	0.060±0.060
∑PFRs	3.8±1.7	38±19	46±29	5.9±2.5	13±6.8	7.6±4.1	3.6±1.2

组织样	雄牛蛙						
	肌肉	性腺	肝脏	心脏	肾脏	肠	肺
N	5	5	5	5	5	5	5
TEP	0.97±0.48	0.18±0.17	0.70±0.45	0.14±0.20	0.53±0.40	0.18±0.15	0.040±0.050
TCEP	6.6±4.6	6.5±1.7	9.5±6.6	5.3±2.3	4.1±5.1	1.8±1.7	1.1±1.0
TCIPP	0.41±0.16	1.2±0.82	0.48±0.17	0.83±0.25	0.25±0.28	ND	0.030±0.060
TNBP	0.13±0.030	0.34±0.32	0.31±0.21	0.090±0.030	0.10±0.060	0.010±0.030	ND
TDCIPP	0.11±0.060	0.040±0.060	0.26±0.20	ND	0.080±0.070	0.050±0.060	0.020±0.030
TPHP	0.39±0.17	3.4±3.9	1.9±1.4	0.11±0.12	0.79±0.35	0.49±0.42	0.47±0.30
TBOEP	0.030±0.020	0.44±0.65	0.52±0.46	0.030±0.040	1.8±2.2	1.7±3.0	0.89±1.6
EHDPHP	0.34±0.18	0.80±1.1	0.29±0.35	0.010±0.030	1.9±1.9	0.27±0.23	0.17±0.24
TCrP	0.010±0.010	1.4±1.7	0.84±0.60	0.63±0.15	0.080±0.10	0.11±0.070	0.22±0.28
TEHP	0.070±0.030	0.38±0.44	0.23±0.17	0.050±0.060	0.26±0.21	0.18±0.16	0.33±0.23
iDDPHP	0.15±0.080	0.32±0.27	0.080±0.080	ND	0.080±0.080	0.020±0.030	0.040±0.040
RDP	0.080±0.050	0.15±0.15	0.17±0.16	ND	0.18±0.25	0.020±0.040	0.12±0.24
BDP	0.12±0.10	0.21±0.26	0.19±0.19	ND	0.37±0.66	0.050±0.060	0.18±0.23
∑PFRs	9.4±4.4	15±8.4	16±4.4	7.2±2.2	10±3.7	4.9±2.8	3.6±1.3

注:① 表示均值±标准偏差;

② ND 表示未有检出。

根据 ANOVA 分析结果,总 PFRs 浓度在黑斑蛙和牛蛙 7 种不同组织间均存在显著性差异(各 $p<0.05$),表明 PFRs 在蛙类组织中的分布具有特异性和选择性。黑斑蛙和牛蛙各组织中的总 PFRs 浓度比较如图 5.2 所示。总体来看,对于这两种蛙类来说,不论雄蛙还是雌蛙,PFRs 在灌流富血、代谢活跃的肝脏组织中的浓度都要显著高于其他多数组织。这与本书第 4 章研究中鱼类(鲮鱼和乌鳢)的组织分布情况一致,也与前人研究的一些野生淡水鱼(鲤鱼和鲫鱼等)和海鱼的情况相似(Bekele et al.,2021;Choo et al.,2018;Hou et al.,2017)。Wu 等(2009a)和 Kim 等(2015)发现野生稻蛙和

7 种淡水鱼的肝脏组织具有优先积累 PBDEs 的特征，这主要得益于肝脏活跃的代谢活动和丰富的脂肪含量。如前所述，在本书所研究的乌鳢和鲮鱼中，也发现 PFRs 浓度与各组织的脂肪含量之间呈现很强的相关关系。而本章研究的蛙类样品由于前处理方法的局限性和样品量有限，没有测量各组织的脂肪含量，故无法进行相关分析。当然，PFRs 在肝脏组织中的快速代谢和生物转化也是导致其在其他组织中累积水平相对较低的重要因素(Hou et al.，2017；Tang et al.，2019)。值得注意的是，与大多数其他组织(如肺、肌肉和心脏)相比，卵/性腺组织也具有较高的 PFRs 含量，这表明污染物具有较高的子代传递风险。我们将在第 5.2.5 小节——子代传递部分展开相关讨论。

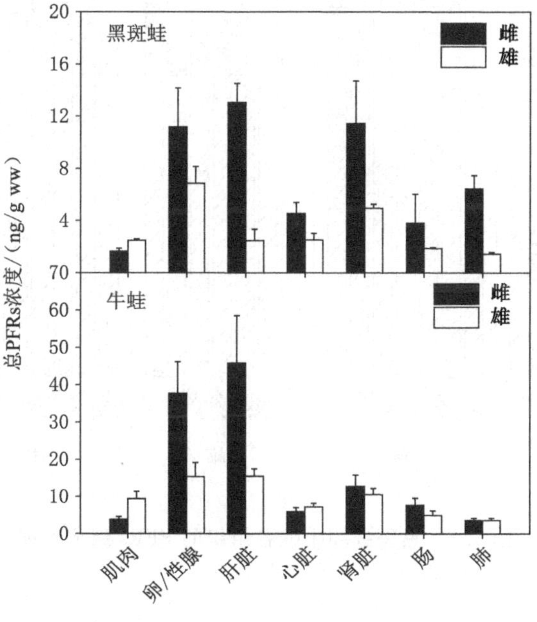

图 5.2 黑斑蛙和牛蛙各组织的总 PFRs 浓度

图 5.3 显示了黑斑蛙和牛蛙 7 种组织的 PFRs 组成模式。在大多数黑斑蛙组织中，PFRs 以 TCEP(占比为 21%～42%)和 TCIPP(17%～47%)为主要污染物；而所有牛蛙组织则以 TCEP(23%～72%)为主要污染物。唯一的例外为黑斑蛙的肾脏组织，雌蛙以 TBOEP(26%)和 TPHP(24%)为主，

雄蛙以 TBOEP(30%)和 TCIPP(26%)为主。此外,雌黑斑蛙的心脏和肠道组织以 TCEP(分别为 24%和 25%)和 TPHP(20%和 18%)为主要污染物。另一方面,可以发现 RDP、iDDPHP 和 BDP 是该地区蛙类中主要的新型 PFRs(ePFRs)污染物。值得注意的是,TBOEP 在蛙类样品中具有较高的检出率(88%),而在该地区采集的水生鱼类和中国水蛇中则没有检测到 TBOEP,这可能与青蛙较低的代谢潜能有关(Sparling et al.,2010)。此外,黑斑蛙和牛蛙为两栖生物,常活动于农田和沟渠,营水陆两栖环境生活,活动范围较大,较灵活,而第 4 章研究的鱼类则全部采集于受电子垃圾污染的小池塘,故生活环境的差异可能也是一个影响因素。

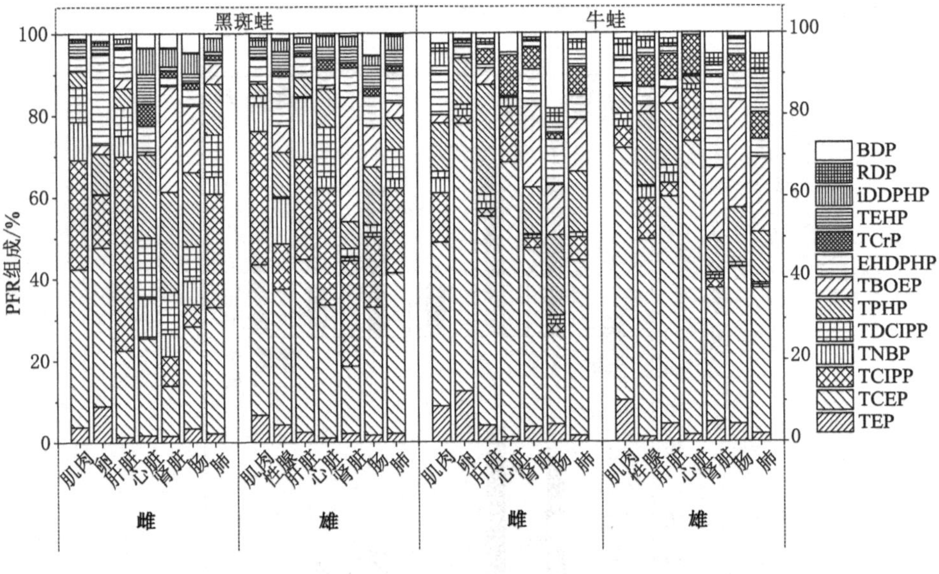

图 5.3　黑斑蛙和牛蛙各组织的 PFRs 组成特征

5.2.2　组织分布

为了进一步研究 PFRs 在蛙类肝脏和其他组织中的分布情况,如第 4 章所述,我们计算了各组织 PFRs 的 OLR 值[$c_{其他}/(c_{其他}+c_{肝脏})$]。6 个组织中总 PFRs 的 OLR 值分别为:雌黑斑蛙 0.112～0.450、雄黑斑蛙 0.408～0.730、雌牛蛙 0.099～0.467 和雄牛蛙 0.187～0.478。图 5.4 显示了黑斑蛙和牛蛙各组织中总 PFRs 的 OLR 值。可以发现,大多数组织的 OLR 值都显著低于 0.5，再次表明蛙类肝脏组织中的污染物浓度显著高于其他组织，说明 PFRs 在蛙类组织中的分布具有选择性。与前面我们计算的鲮鱼、乌鳢及 Bekele 等(2021)计算的鱼样中的 OLR 值相比，蛙类组织(如肌肉、肾脏等)中 PFRs 的 OLR 值普遍更低，表明与鱼类相比，蛙类可能对 PFRs 具有更高的累积潜力或相对较低的代谢能力。此外，雄蛙组织的 OLR 值普遍显著高于雌蛙，可能暗示雄蛙比雌蛙具有更高的 PFRs 代谢能力。

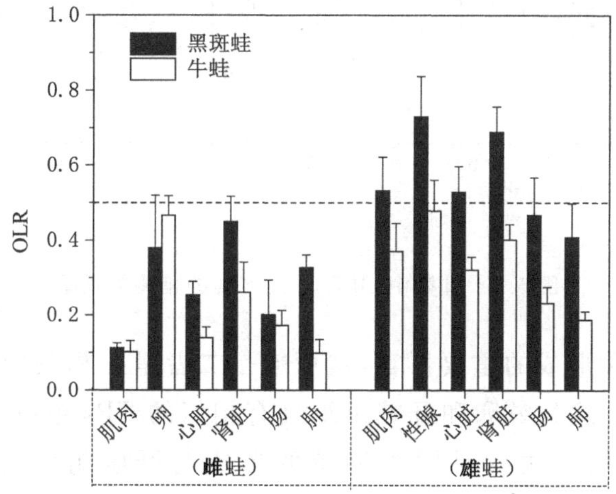

图 5.4　黑斑蛙和牛蛙中总 PFRs 的 OLR 值

考虑到不同 PFRs 化合物 OLR 值的差异，我们进一步研究了黑斑蛙和牛蛙各组织的 OLR 值与 lg K_{OW}之间的相关关系。如图 5.5 所示，除雄黑斑蛙的肠道组织和雄牛蛙的肺组织外，其他组织的 OLR 值与 lg K_{OW}都不存在显著相关性，这说明脂肪含量可能对 PFRs 在蛙类肝脏中的沉积影响不大。当然，这些结果也可能受到生物累积途径和代谢的影响。

Pearson 相关分析结果显示，蛙类的肝脏与肠道组织中的 PFRs 总浓度、肝脏与肾脏组织中的 PFRs 总浓度及肾脏与肺组织中的 PFRs 总浓度均存在显著的正相关关系。蛙类各组织 PFRs 总浓度的皮尔逊相关系数具体见表 5.5。肝脏和肾脏组织作为生物体重要的解毒、排毒组织，而肠、肺与血液灌注量较大的肝脏、肾脏组织之间的这种强相关性可能与其通过呼吸和排泄释放污染物有关。此外，我们发现蛙类肝脏组织与卵/性腺中的污染物浓度呈显著正相关关系。正如 Crawshaw 和 Weinkle(2000)所指出的，肝脏

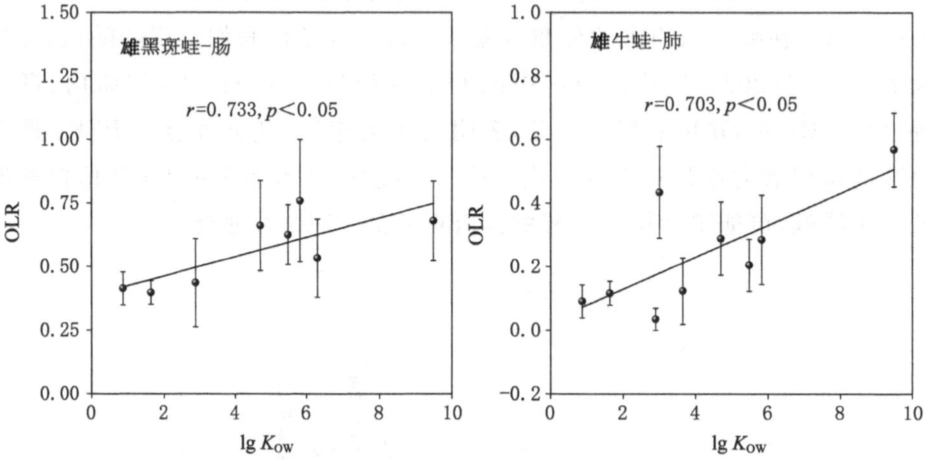

图 5.5　蛙类中 OLR 与 lg K_{OW}的相关关系图

组织是促进卵黄形成的重要器官，这可能是二者呈正相关的重要原因。Du 等(2019)发现黑斑蛙蛙卵和肝脏组织具有相似的 CPs 组成模式，并指出这种相似的组成模式主要是因为卵黄的形成与肝脏组织有关(Crawshaw et al.,2000)。

表 5.5　蛙类各组织 PFRs 总浓度的皮尔逊相关系数

	肌肉	卵/性腺	肝脏	心脏	肾脏	肠	肺
肌肉	1						
卵/性腺	0.168	1					
肝脏	−0.035	0.842**	1				
心脏	0.263	0.408	0.341	1			
肾脏	0.044	0.319	0.419*	0.144	1		
肠	−0.203	0.316	0.655**	0.321	0.246	1	
肺	−0.214	—	0.204	0.256	0.601**	0.096	1

注：** 在 0.01 级别(单尾)，相关性显著；* 在 0.05 级别(单尾)，相关性显著。

此外，本研究还检测了所有雌蛙输卵管中的 PFRs。黑斑蛙和牛蛙输卵管中总 PFRs 浓度分别为 1.2～4.8 ng/g ww 和 6.0～15 ng/g ww。输卵管和蛙卵中的 PFRs 浓度呈显著正线性相关关系($r=0.57, p<0.05$)。这种正

相关性可能与这样一个事实有关,输卵管在运输蛙卵发育所需要的营养物质的过程中也会运输污染物。当然,输卵管中污染物水平高,而蛙卵中的污染物浓度也高,这是合乎逻辑的,也是意料之中的,因为对于污染物暴露水平高的生物体来说,其内部许多类型的组织中的污染物浓度应该也高。

然而,输卵管和蛙卵中的 PFRs 组成不尽相同,尽管二者均以 TCEP 为首要污染物(图 5.6)。对于黑斑蛙和牛蛙来说,蛙卵都比输卵管具有显著更高的 TEHP 占比(黑斑蛙:3.7% vs 1.1%、牛蛙:1.1% vs 0.72%);但输卵管均比蛙卵具有显著更高的 TCIPP 含量(12% vs 23%、1.7% vs 7.3%)。此外,黑斑蛙的蛙卵比其输卵管具有显著更高的 EHDPHP 含量(20% vs 5.3%);牛蛙的蛙卵比其输卵管具有显著更高的 TPHP 占比(11% vs 4.6%)。TEHP、TPHP 和 EHDPHP 的 lg K_{OW}值分别为 9.49、4.7 和 5.48,而 TCIPP 的 lg K_{OW}值为 2.89。本研究中输卵管和蛙卵之间 PFRs 的组成差异可能是由二者组成成分不同造成的。输卵管的主要成分是蛋白质,占其总质量的 70%以上(Yang et al.,2004),而蛙卵中的脂质含量则更高(Liu et al.,2018c),故更容易积累亲脂性污染物,如 TEHP 和 EHDPHP 等。

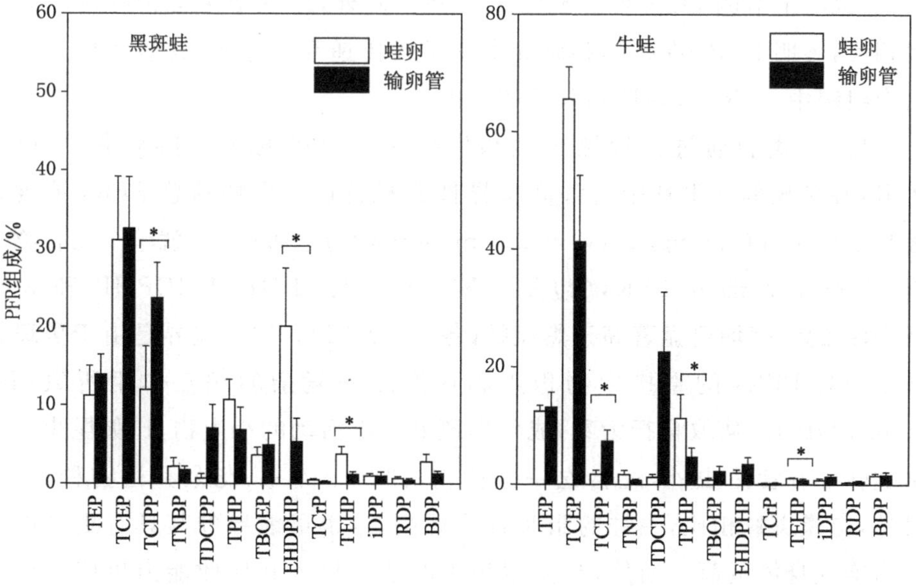

图 5.6　蛙卵和输卵管的 PFRs 组成特征($* p<0.05$)

5.2.3 性别差异与种间差异

本节我们主要通过比较雄蛙和雌蛙的肌肉、肝脏和性腺组织中的污染物水平，探究 PFRs 在蛙类中的性别特异性累积特征。图 5.7 显示了黑斑蛙和牛蛙肌肉、肝脏和卵/性腺组织中的 PFRs 浓度比较情况。可以看出，无论是对于黑斑蛙还是牛蛙来说，雄蛙肌肉中的总 PFRs、TEP 和 TCEP 的浓度都要显著高于雌蛙肌肉。此外，雄黑斑蛙肌肉中的 TCIPP 浓度也显著高于雌蛙。以前的研究也报道过雄蛙肌肉中 CPs(Du et al.，2019)、全氟化合物(Cui et al.，2018)、PBDEs(Wu et al.，2009a)、OCPs、PCDD/Fs 和 PCBs(Kadokami et al.，2004)的浓度水平远高于雌蛙。另外，Choo 等(2018)也发现雄性鲫鱼中的 TNBP 浓度要显著高于雌鱼。

然而，本研究蛙类肝脏和性腺组织中这些污染物的情况则完全相反。对于黑斑蛙和牛蛙，雄蛙肝脏和性腺中的总 PFRs、TEP 和 TCEP 的浓度都显著低于雌蛙肝脏和蛙卵。同时，雄黑斑蛙肝脏和性腺中的 TCIPP 水平也显著低于雌蛙。这一结果表明，雄蛙可能比雌蛙具有更高的 PFRs 代谢能力，这也与上节的 OLR 值分析结果一致。此外，性腺中污染物的情况与肌肉相反，表明 PFRs 在雄蛙和雌蛙中的子代传递存在差异，这也可能是造成肌肉组织中 PFRs 呈现性别差异的原因。

另外，我们通过比较黑斑蛙和牛蛙肌肉组织的污染物水平，探讨了 PFRs 在黑斑蛙和牛蛙中的种间特异性累积特征。牛蛙的总 PFRs 浓度显著高于黑斑蛙(6.6 ng/g ww vs 2.1 ng/g ww)($p<0.05$)。就单个化合物分析，牛蛙中大部分 PFRs(包括 TEP、TCEP、TPHP、EHDPHP 和 3 种 ePFRs)的浓度均要显著高于黑斑蛙(各 $p<0.05$)。这些差异是由于黑斑蛙和牛蛙对 PFRs 的直接生物积累和代谢之间复杂的相互作用所致(Hu et al.，2016)。从取食行为看，成年黑斑蛙只吃活动的小生物，比如昆虫。而牛蛙除了吞食昆虫外，还会吃一些植物，如叶子碎片、花朵和植物种子等。另外，与黑斑蛙相比，牛蛙的脂肪含量更高，这也可能导致其具有更高的化学污染物身体负荷。当然，与体型相关的饮食摄入和代谢能力也应考虑在内。Choo 等(2018)发现 TNBP 水平与鲫鱼体长/体重之间存在显著的正相关关系。在本研究中，黑斑蛙和牛蛙肌肉组织的污染物浓度与其身长

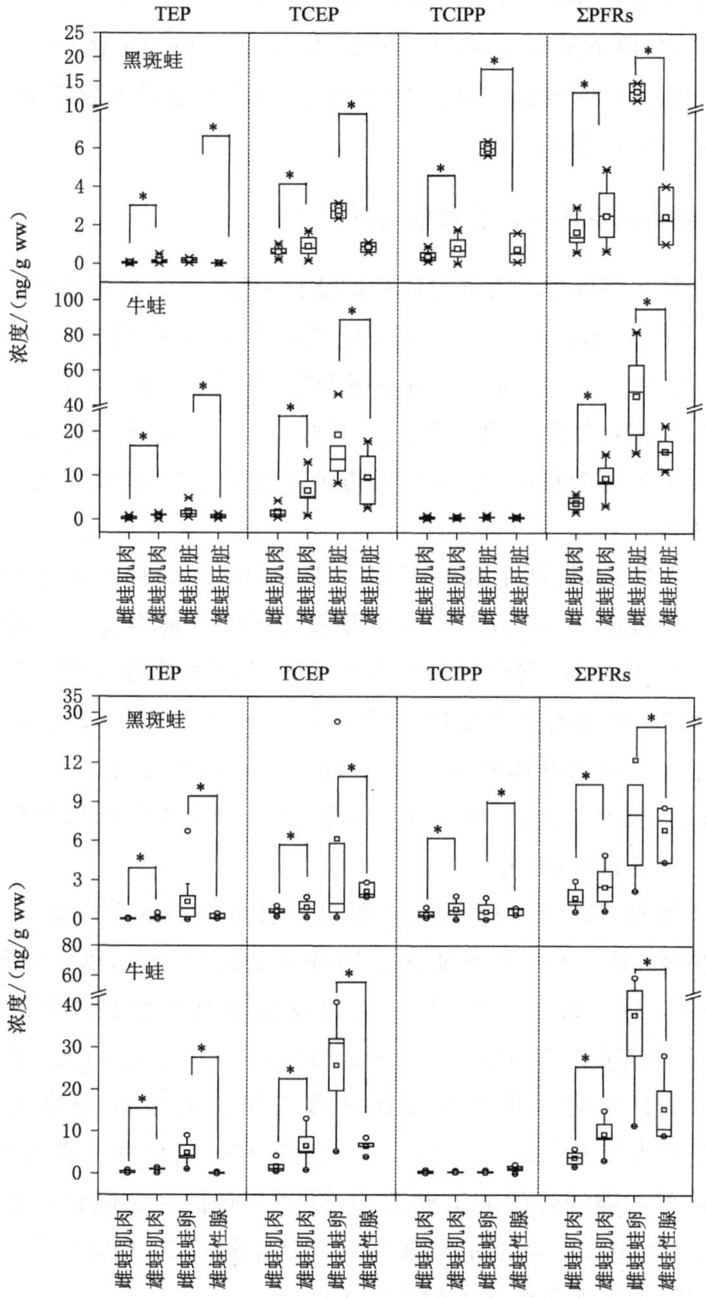

图 5.7　肌肉、肝脏和卵/性腺组织的 PFRs 浓度比较(* $p<0.05$)

(SVL)和质量等物理形态参数之间没有明显的相关关系。考虑到本研究蛙类样品的 SVL 值范围较小,样本量也较少,可能会掩盖了体型对 PFRs 浓度的影响。同时,由于 PFRs 在蛙体中的累积具有明显的性别差异,故也应考虑物种性别差异的影响。

5.2.4 污染物浓度与生理参数的关系

肝体指数(HSI,肝脏质量与体重的比值)已被广泛地用于估计生物体的能量状态(Chellappa et al.,1995),并能用作污染物暴露的生物标志物(Facey et al.,2005)。肝脏是负责解毒和能量存储的重要器官,故 HSI 能较为全面地反映生物体的健康状态。由于本研究只有牛蛙的肝脏组织样品是采用单个样本进行分析的,故我们只初步探究了牛蛙的 HSI 值与污染物浓度之间的关系。

如图 5.8 所示,雌性牛蛙的 HSI 与总 PFRs 之间存在显著的负相关关系($r=-0.804$,$p<0.05$),表明大量暴露 PFRs 可能会使牛蛙的肝脏缩小(Du et al.,2019)。Du 等(2019)也发现 HSI 与青蛙肝脏中的 CP 水平呈显著负相关关系,这与我们的发现一致。Schwaiger 等(2000)和 Zaroogian 等(2001)指出经雌激素暴露喂养后的鲤鱼和比目鱼的肝脏质量会较少,这主要是由肝糖原减少造成的,因为生物体清除污染物需要提供的能量是通过消耗糖原产生的(Du et al.,2019)。

由于体重和 SVL 在一定程度上可以代表生物体的身体状况,因此我们还探究了体重/SVL 与牛蛙肝脏污染物浓度之间的关系,以及体重/SVL 与 HIS 之间的关系。如图 5.8 所示,可以发现雌性牛蛙的 PFRs 总浓度与 SVL 之间呈显著负相关关系($r=-0.804$,$p=0.009$)。此外,雄性牛蛙的 HSI 与 SVL、HSI 与体重之间存在显著正相关关系(r 分别为 0.835 和 0.945,p 分别为 0.039 和 0.008)。以上发现在一定程度上表明高 PFRs 暴露可能会降低蛙类肝脏的能量储存,并进一步降低在冬眠期间的蛙类的存活率(Du et al.,2019)。然而,由于本研究样本量较少,仍需要更多的数据来揭示高 PFRs 暴露下两栖蛙类的生态风险。

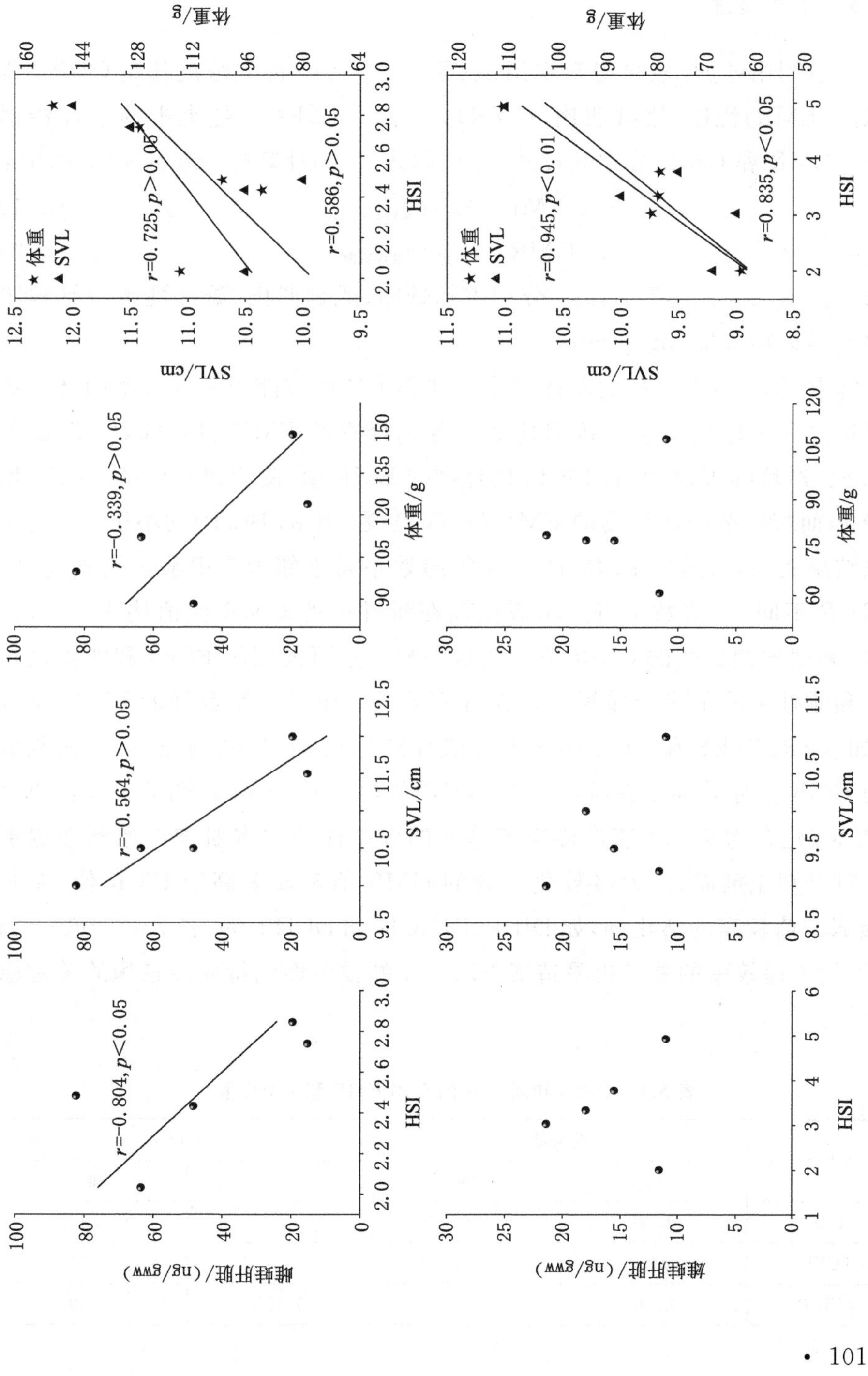

图5-8　牛蛙肝脏PFRs浓度与生理参数的相关系图

5.2.5 子代传递

本节利用蛙卵/性腺与亲本组织(肌肉)中污染物的浓度比值(蛙卵/雌蛙肌肉,EMR;性腺/雄蛙肌肉,GMR),评估了 PFRs 在蛙类中的子代传递效率。EMR 和 GMR 分别通过式(5.1)和式(5.2)计算(Choo et al.,2018):

$$\mathrm{EMR}=c_{\text{卵}}/c_{\text{雌蛙肌肉}} \tag{5.1}$$

$$\mathrm{GMR}=c_{\text{性腺}}/c_{\text{雄蛙肌肉}} \tag{5.2}$$

式中,$c_{\text{卵}}$、$c_{\text{雌蛙肌肉}}$、$c_{\text{性腺}}$ 和 $c_{\text{雄蛙肌肉}}$ 分别表示蛙卵、雌蛙肌肉、雄蛙性腺和雄蛙肌肉中的污染物浓度,ng/g ww。

除 PFRs 外,本节我们还计算了 9 种邻苯二甲酸酯类及替代型的塑化剂在黑斑蛙和牛蛙中的子代传递比值。各化合物的 EMR 和 GMR 平均值见表 5.6。对雌蛙来说,所有 PFRs 化合物的 EMR 值(除黑斑蛙中的 TCrP)均大于 1,而塑化剂类污染物的 EMR 值(除黑斑蛙中的 BBzP)均小于 1。这一研究结果表明,雌蛙中 PFRs 的子代传递效率高于邻苯二甲酸酯类塑化剂。与 EMR 不同,大多数 PFRs 和塑化剂在雄蛙中的 GMR 比值均大于 1,且 PFRs 和塑化剂之间的 GMR 值无明显差异。这可能暗示 PFRs 和塑化剂在雄蛙和雌蛙中的子代传递规律存在性别差异。lg K_{OW} 系数低的 PFRs 化合物,如 TEP、TCEP 和 TCIPP(lg K_{OW} 值分别为 0.87、1.63 和 2.89),在雌蛙中的 EMR 值显著高于在雄蛙中的 GMR 值(各 $p<0.05$)(图 5.9),表明这些 PFRs 化合物从母本肌肉传递到蛙卵的效率比从父本肌肉传递到性腺更高。对于塑化剂而言,大多数化合物的 GMR 值都显著高于 EMR 值,尤其是 lg K_{OW} 值较高的塑化剂,如 DIDP、DINCH 和 DEHT 等(各 $p<0.05$)。因此,子代传递效率的差异也是造成 PFRs 在蛙类中性别特异性累积的关键原因之一。

表 5.6 PFRs 和增塑剂的平均 EMR 和 GMR 值

lg EMR/GMR	黑斑蛙		牛蛙	
	雌	雄	雌	雄
TEP	1.10	−0.020 0	1.18	−0.833
TCEP	0.452	0.372	1.21	0.121
TCIPP	0.390	−0.097 5	0.116	0.540

表 5.6(续)

lg EMR/GMR	黑斑蛙		牛蛙	
	雌	雄	雌	雄
TNBP	0.198	0.498	0.630	0.369
TDCIPP	1.97	−0.437	1.51	0.005 90
TPHP	0.946	1.29	0.954	0.398
TBOEP	1.34	1.90	0.636	0.828
EHDPHP	1.43	1.11	0.294	0.423
TCrP	−0.446	1.31	0.695	1.88
TEHP	0.532	0.670	0.612	0.845 5
iDDPHP	1.03	1.05	0.283	0.503
RDP	0.797	0.329	0.263	0.432
BDP	1.17	−0.145	0.714	0.376
DMP	−0.305	0.293	−0.699	−0.324
DEP	−0.085 7	1.29	−0.484	−0.406
DiBP	−0.598	0.732	−0.226	0.615
DnBP	−0.512	0.749	−0.945	0.999
BBzP	0.346	1.40	—	0.675
DEHP	−0.059 0	0.293	−0.276	−0.514
DEHT	−0.700	0.442	−0.235	1.44
DIDP	−1.94	0.592	−0.787	0.411
DINCH	−1.16	0.792	−0.899	0.151

我们进一步分析了 PFRs 和塑化剂在黑斑蛙和牛蛙中的子代传递效率与其 lg K_{OW}值之间的相关关系，如图 5.10 所示。可以发现在两种雌蛙中 lg EMR 与 lg K_{OW}呈显著负线性相关关系（各 $p<0.05$）。然而，就雄蛙而言，lg GMR 与 lg K_{OW}呈抛物线相关关系。当 lg K_{OW}低于 6 时，lg GMR 随 lg K_{OW}增大而上升；之后，则随 lg K_{OW}增大而下降。Kadokami 等(2004)发现青蛙体内 PCDDs/DFs 和 PCBs 的子代传递比值与 lg K_{OW}呈显著负相关关系。然而，Wu 等(2009a)却发现稻蛙蛙卵与肝脏的 PBDEs 浓度比与溴原子数呈抛物线相关关系。Du 等(2019)报道，黑斑蛙中 CPs 的卵/肝比值与 lg K_{OW}呈显著正相关关系。总之，不同的化学物质似乎在蛙类中表现出不

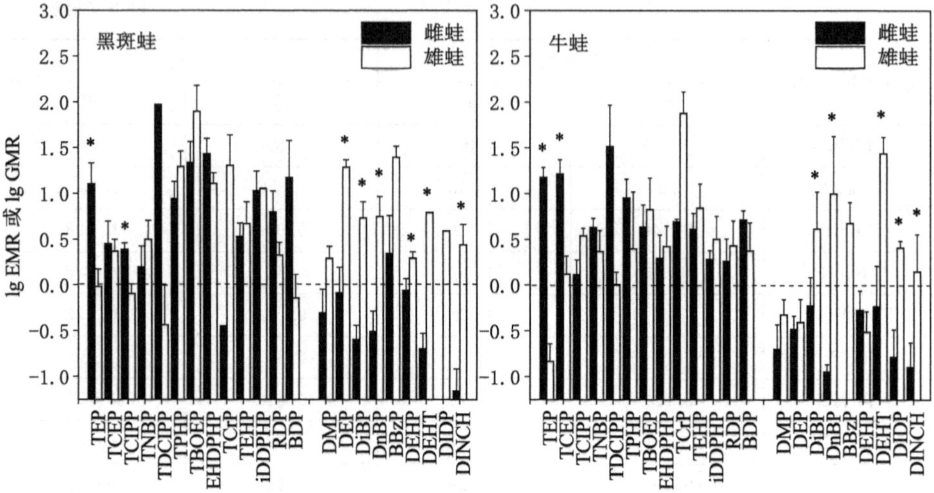

图 5.9　黑斑蛙和牛蛙的 EMR 和 GMR 值（* $p<0.05$）

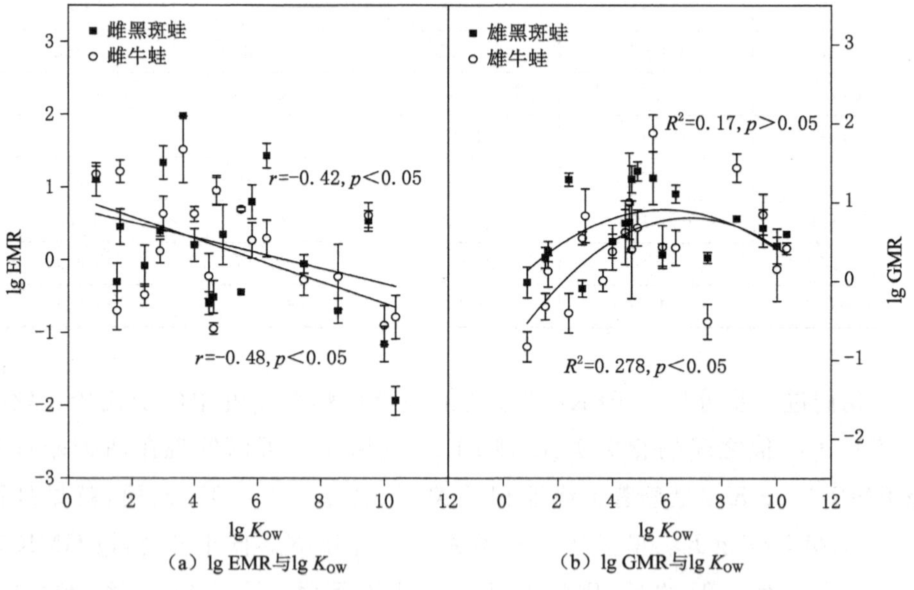

图 5.10　相关关系图

同的子代传递规律。正如 Wu 等(2009a)所指出的，化学物质的物理化学性质(即 K_{OW}、分子大小和结构等)决定了其对运输蛋白的亲和力，并可能影响到它们在蛙类中的子代传递潜能。此外，PFRs 和塑化剂在蛙类中具有性别差异的子代传递规律可能主要跟蛙卵和性腺的主要组成成分不同有关；如前所述，二者的主要成分分别为脂质和蛋白质。而脂质和蛋白质对 PFRs 和塑化剂应该具有不同的亲和力和选择性。本研究是首次发现两栖蛙类中 PFRs 和增塑剂具有性别相反的子代传递规律，仍需要更多的详细信息来验证和揭示这种性别特异性的子代传递机制。

其中，塑化剂分别对应的中文名称为：DMP，邻苯二甲酸二甲酯；DEP，邻苯二甲酸二乙酯；DiBP，邻苯二甲酸二异丁酯；DnBP，邻苯二甲酸二丁酯；BBzP，邻苯二甲酸丁苄酯；DEHP，邻苯二甲酸双(2-乙基己基)酯；DEHT，对苯二甲酸二辛酯；DIDP，邻苯二甲酸二异癸酯；DINCH，二异壬基环己烷-1，2-二羧酸酯。

在最近的室内暴露实验中，Li 等(2020b)以母鸡作为模型生物，发现使用不同的组织作为母本组织时，卤化有机污染物(如 PCBs、PBDEs 和 DPs 等)的子代传递模式不同。结合数据分析，他们认为肝脏、脂肪、肾脏和肠道可能更适合作为母本组织用于评估这些化学物质在鸡体内的子代传递。本研究中，我们也初步探究了用蛙类的肝脏、肾脏、心脏、肠道和肺组织作为亲本组织来综合评估 PFRs 和塑化剂在蛙类中的子代传递规律。

图 5.11 显示了其他不同组织作为亲本组织的子代传递效率与 lg K_{OW} 值之间的关系。可以看出，在这两种雌蛙中，当以肝脏作为母本组织时，lg EMR 和 lg K_{OW} 之间呈现显著的负相关关系，这与使用肌肉作为母本组织的调查结果一致。肝脏组织是产生卵黄蛋白的重要器官(Crawshaw et al.，2000)，通常被用作具有代表性的亲本组织去评估一些疏水性卤代有机污染物(如 CPs 和 PBDEs 等)在蛙类中的子代传递特征(Du et.，2019；Wu et al.，2009a)。此外，雌性牛蛙的肠道组织也表现出相似的相关关系。在这两种雄蛙中，以肝脏组织作为父本组织时，lg GMR 与 lg K_{OW} 均呈显著正相关关系，这在一定程度上也与肌肉组织的调查结果一致。而当使用心脏、肾脏和肺组织进行评估时，没有发现明显的相关关系。总的来说，当使用不同的组织作为亲本组织时，PFRs 和增塑剂在蛙类中的子代传递模式似乎不同；但肝脏与肌肉组织具有相似的子代传递规律。

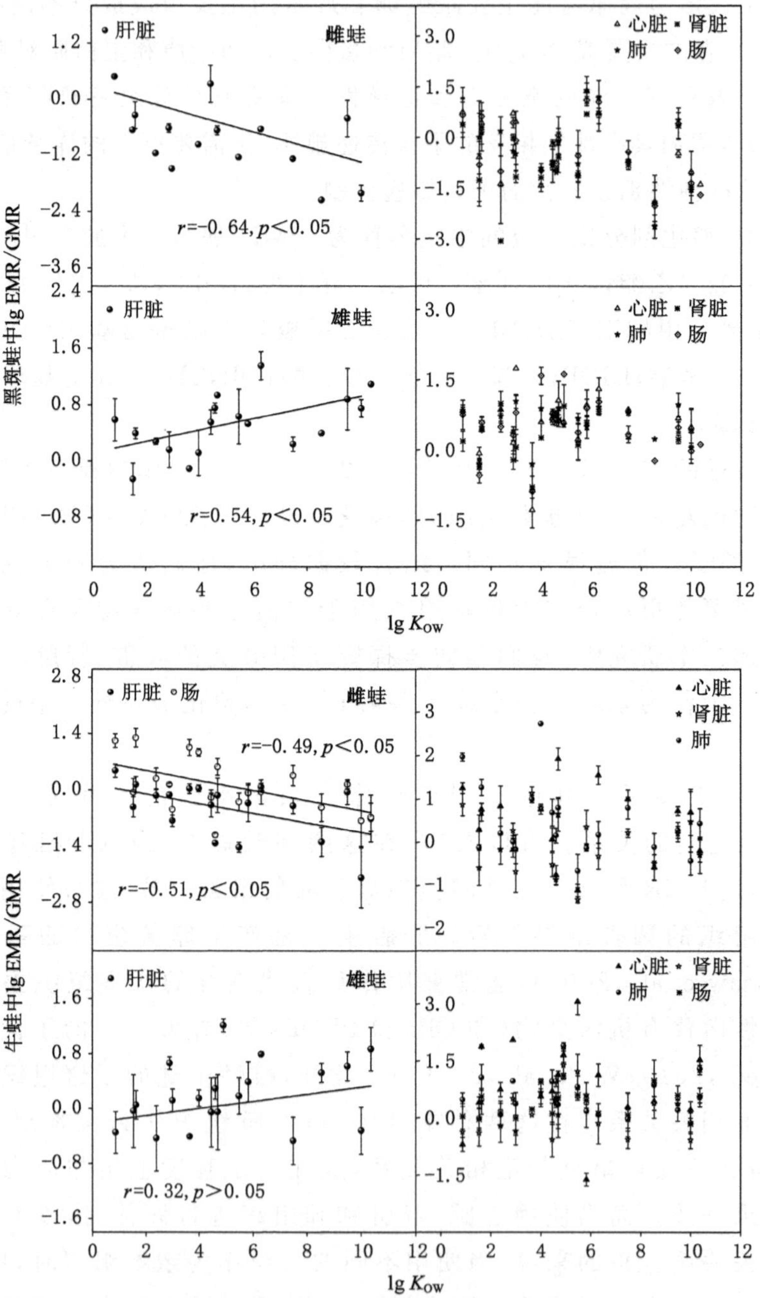

图 5.11　蛙类中子代传递效率与 lg K_{OW} 的关系图

5.3 昆虫中的 PFRs

5.3.1 浓度和组成

本节分析检测了昆虫样品中的 15 种 PFRs 化合物，除 V6 和 TDBPP 外，其余 13 种化合物均有检出，且检出率均在 90%以上。PFRs 在各类昆虫中的总浓度范围分别为：荔蝽 9.2～24 ng/g ww、蝴蝶 26～40 ng/g ww、蛾 3.1～69 ng/g ww、蝗虫 20～89 ng/g ww、蜻蜓 2.3～19 ng/g ww、水甲虫 14～26 ng/g ww、铜绿丽金龟 15～33 ng/g ww。此外，我们还在采集蜻蜓幼虫的农田沟渠里收集到了蜻蜓的蜕皮，总 PFRs 浓度为 14～34 ng/g dw。各污染物的具体浓度见表 5.7。Poma 等(2019a)也曾调查过该地区少许昆虫样品(包括蜻蜓、蝗虫等)中的 PFRs 污染情况，检测到 PFRs 平均总浓度为 12 ng/g ww，范围为 0.94～68 ng/g ww，其浓度水平与本研究的结果相似。此外，本研究中昆虫的 PFRs 浓度也与一些欧洲、亚洲和美洲国家的食用昆虫或以昆虫为基础的食品中的 PFRs 污染水平相当(Ding et al.，2018；Poma et al.，2017a，2017b，2018，2019b；Wang et al.，2018)。

根据 ANOVA 分析结果，PFRs 浓度在不同类别昆虫中具有显著性差异($p<0.05$)。其中，蝗虫幼虫和飞蛾成虫(平均浓度分别为 72 ng/g ww 和 66 ng/g ww)的 PFRs 浓度显著高于其他昆虫(3.0～33 ng/g ww)(各 $p<0.05$)。大多数昆虫表现出相当的污染物水平(最低浓度为荔蝽 13 ng/g ww，最高浓度为蝗虫成虫 26 ng/g ww)。相反地，蜻蜓幼虫(3.0 ng/g ww)和飞蛾幼虫(5.5 ng/g ww)具有显著最低的 PFRs 浓度(各 $p<0.05$)。蜻蜓幼虫具有较低的污染物浓度可能与其独特的水生栖息环境有关。在本研究调查的这些昆虫中，只有蜻蜓具有独特的生活史，其幼虫生活在水体环境中。另外，有人会疑问，水甲虫也是水生昆虫，但其污染物浓度却处于中等水平。这主要是因为水甲虫和蜻蜓幼虫的采集地点不同，水甲虫采集于堆放电子垃圾的池塘，而蜻蜓幼虫收集于农田沟渠。本课题组之前的研究也证明了一些卤代有机污染物(如 PBDEs 等)在来自这个受电子垃圾污染池塘的蜻蜓幼虫中的浓度比来自稻田的蜻蜓幼虫的浓度要高几个数量级(Liu et al.，

表 5.7　电子垃圾污染区昆虫中的 PFRs 浓度

单位：ng/g ww

	检出率	荔蝽		蝴蝶	蛾		蝗虫		蜻蜓			水甲虫	铜绿丽金龟	番石榴叶	草
	/%	成虫	幼虫	成虫	成虫	幼虫	成虫	幼虫	成虫	幼虫	壳				
N		9(62)	6(42)	6(147)	2(60)	6(82)	5(191)	5(178)	3(123)	3(373)	3	12(90)	5(45)	3	5
脂肪/%		15.38±2.1	21.86±4.64	3.50±0.95	6.46±1.21	0.77±0.15	1.97±0.32	2.32±0.55	3.90±0.42	2.80±0.28		2.98±0.49	2.32±0.35		
$\delta^{13}C$/‰		−29.89±0.36	−30.18±0.42	−28.70±1.85	−29.22±0.22	−29.94±0.35	−13.80±0.37	−17.00±2.71	−23.03±0.21	−29.61±0.57		−23.04±0.94	−24.01±0.94	−30.50±1.48	−13.34±0.17
$\delta^{15}N$/‰		6.90±1.60	4.90±0.53	4.30±1.74	3.82±0.71	4.17±0.38	3.69±0.13	3.41±0.74	7.45±0.14	7.96±0.58		3.36±0.37	3.22±0.54	4.24±0.84	3.04±0.16
TEP	96	0.12±0.080	0.22±0.13	0.35±0.14	0.23±0.33	0.070±0.060	0.33±0.19	0.10±0.070	0.43±0.31	0.10±0.030	0.80±0.44	0.16±0.10	0.17±0.14	0.21±0.040	0.31±0.090
TCEP	95	0.82±0.62	0.55±0.51	6.6±1.2	6.1±3.7	1.0±0.52	5.7±1.7	3.0±1.2	2.1±1.1	0.090±0.16	5.5±2.9	0.94±1.1	1.6±1.3	0.55±0.35	1.0±0.51
TCIPP	100	1.6±0.71	1.2±0.38	14±8.5	46±9.1	1.4±0.34	5.8±2.0	5.8±0.69	5.3±2.7	0.68±0.18	6.0±3.3	5.8±3.6	14±3.1	0.96±0.27	2.6±0.72
TDCIPP	94	1.1±0.79	0.32±0.42	0.71±0.53	0.61±0.11	0.16±0.050	4.6±1.7	6.1±2.0	2.1±1.4	0.35±0.040	1.0±0.84	0.27±0.44	0.78±0.35	0.26±0.29	0.40±0.44
TNBP	100	1.2±0.75	0.52±0.28	5.3±3.4	5.9±2.5	1.9±1.3	2.5±0.82	17±3.7	3.1±2.7	0.12±0.020	1.6±0.57	0.98±0.57	2.3±2.2	0.12±0.040	0.24±0.050
TPHP	98	0.34±0.44	0.53±0.23	3.8±2.2	1.6±1.2	0.38±0.22	1.9±0.88	37±14	1.2±1.1	0.47±0.19	3.6±1.1	3.1±3.4	1.3±1.1	3.7±1.9	0.89±0.65
TBOEP	96	0.84±1.1	0.26±0.32	0.41±0.18	0.58±0.46	0.16±0.13	1.7±1.5	1.4±0.42	1.3±1.1	0.43±0.13	0.75±0.82	0.92±2.1	1.1±0.97	0.66±0.48	0.83±0.41
EHDPHP	69	0.17±0.32	0.26±0.26	0.30±0.25	0.29±0.41	0.13±0.080	0.80±0.91	0.47±0.19	0.11±0.19	0.10±0.080	0.090±0.14	2.2±1.8	0.80±0.80	0.14±0.16	ND
TCrP	94	0.060±0.040	0.060±0.030	0.21±0.12	0.34±0.39	0.10±0.10	0.39±0.42	0.29±0.070	0.24±0.16	0.030±0.020	0.54±0.20	0.42±0.37	0.11±0.080	0.24±0.16	0.080±0.050
TEHP	99	4.9±2.3	16±1.9	0.60±0.47	0.19±0.040	0.080±0.060	0.87±0.64	0.19±0.11	0.74±0.81	0.11±0.060	1.6±0.25	2.4±1.2	0.71±0.58	0.25±0.13	0.070±0.040
iDDPHP	99	0.30±0.24	0.32±0.22	0.22±0.090	0.21±0.11	0.090±0.060	0.60±0.31	0.15±0.060	0.13±0.14	0.020±0.010	0.28±0.12	0.27±0.18	0.71±0.55	0.11±0.040	0.040±0.020
RDP	94	0.33±0.59	0.48±1.0	0.050±0.020	2.5±2.7	0.020±0.010	0.030±0.040	0.030±0.010	0.14±0.13	0.060±0.030	0.32±0.15	1.6±2.3	0.090±0.060	0.72±0.55	0.15±0.14
BDP	97	0.93±2.2	0.17±0.29	0.16±0.060	1.6±0.20	0.050±0.020	0.36±0.35	0.22±0.17	0.72±0.76	0.45±0.19	1.7±0.53	1.2±1.3	0.29±0.12	0.44±0.32	0.31±0.26
$\sum$PFRs		13±3.8	21±2.5	33±7.4	66±3.0	5.5±2.4	26±5.5	72±17	18±1.1	3.0±0.68	24±10	20±5.9	24±9.0	8.3±2.7	6.9±2.2

注：ND表示未有检出。

2018d)。当然,也不能排除不同物种对 PFRs 的生物积累差异的影响。

同类不同生长阶段的成、幼昆虫中的 PFRs 浓度也具有显著性差异(独立样本 t 检验,各 $p<0.05$)。本研究共收集了 4 类昆虫的成幼虫,包括荔蝽、蝴蝶(蛾)、蝗虫和蜻蜓。如图 5.12 所示,对荔蝽和蝗虫来说,幼虫的 PFRs 浓度显著高于其相应成虫;然而,蝴蝶(蛾)和蜻蜓却相反,其成虫中的 PFRs 浓度显著高于相应幼虫。这表明,在昆虫的变态发育过程中,PFRs 更可能在蝴蝶(蛾)和蜻蜓的成虫中累积。而对荔蝽和蝗虫而言,这些污染物更可能在其幼虫中累积。荔蝽和蝗虫属于渐变态昆虫,它们的幼虫与成虫具有相同的生活环境和习性。蜻蜓是半变态昆虫,其幼虫和成虫具有不同的形态和栖息地。而蝴蝶(蛾)属于完全变态的昆虫,其需要经历蛹阶段,其幼虫的形态、内部结构和生活习惯与成虫明显不同。这能部分解释为什么蝴蝶(蛾)和蜻蜓与荔蝽和蝗虫成幼虫中 PFRs 的浓度情况不同。此外,我们发现蜻蜓蜕皮中的总 PFRs 浓度要远高于蜻蜓幼虫(14～34 ng/g dw vs

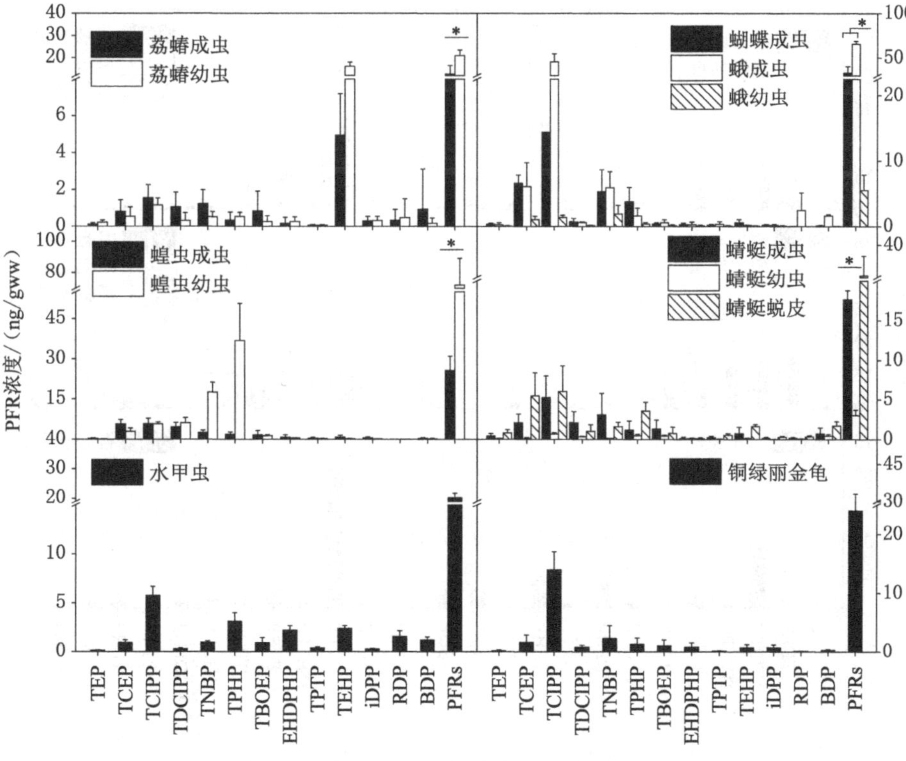

图 5.12　各类昆虫的 PFRs 浓度(* $p<0.05$)

2.3～3.7 ng/g ww)，表明蜕皮是昆虫清除 PFRs 污染物的主要途径之一，这也与前人的研究结果一致(Harkey et al.，1992;Kraus et al.，2014)。

图 5.13 显示了本研究各类昆虫中的 PFRs 组成模式。在这些昆虫中，TCIPP、TCEP、TEHP、TNBP 和 TPHP 为主要的 PFRs 污染物，这也与本书前面研究的水生动物和蛙类中的 PFRs 组成相似。在所有昆虫中(除荔蝽外)，TCIPP 是首要的 PFR 污染物(占比范围为 22%～69%)。荔蝽则以 TEHP 为主要污染物(42%～77%)。我们使用主成分分析(PCA)进一步探究了各类昆虫中 PFRs 组成特征的差异。PCA 分析的前两个因子的贡献率分别为 29%(PC1)和 11%(PC2)。如图 5.14 所示，荔蝽中 PC1 得分较高，蝗虫和水甲虫中 PC2 得分较高。此外，大多数昆虫中 PC1 和 PC2 的得分均较低，且其因子得分相对集中甚至重叠。这表明各类昆虫的 PFRs 组成差异受其特定的摄食习性、栖息环境以及它们对不同污染物的代谢和清除能力的影响。例如，荔蝽的特殊摄食习惯可能是导致其 PFRs 组成与其他昆虫显

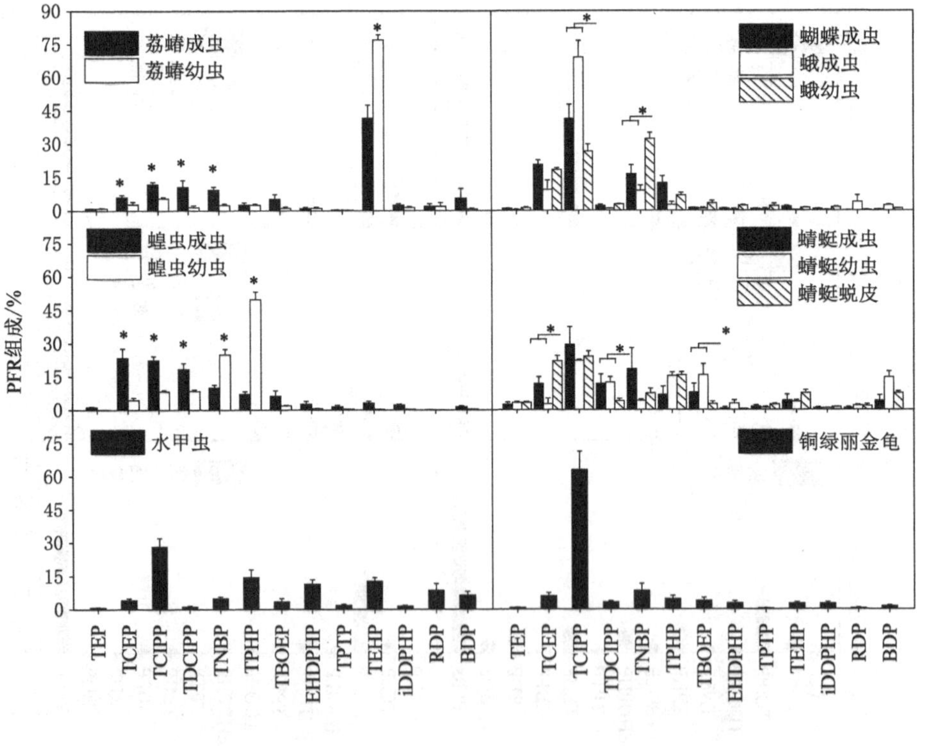

图 5.13　各类昆虫的 PFRs 组成特征(＊$p<0.05$)

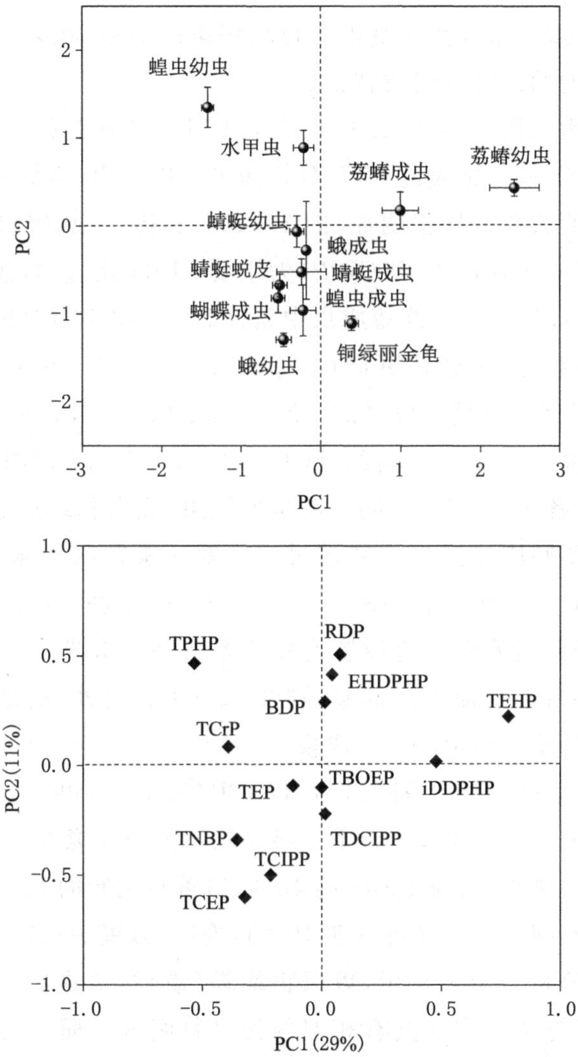

图 5.14　PFRs 的主成分分析图

著不同的关键因素。荔蝽是一种吮吸性昆虫，其成幼虫都带有刺吸式口器，主要吸食宿主植物的花、幼芽和幼果的汁液。而蝗虫和蛾幼虫是咀嚼性昆虫，它们直接以寄主植物的叶子为食(Liu et al.，2018d)。Liu 等(2018d)也在以前的研究中发现，荔蝽具有明显不同于其他昆虫类[如蝗虫、蜻蜓、蝴蝶

(蛾)]的 PCBs 组成模式。此外,如上所述,不同的采集地点(如蜻蜓幼虫收集于农田沟渠,水甲虫收集于受电子垃圾污染的池塘)在某种程度上可能也会影响昆虫体内的污染物组成特征。

同类不同生长阶段的成、幼昆虫中的 PFRs 组成也具有显著性的差异,具体如图 5.13 所示。这通过 PCA 分析图也可以看出,本研究 4 类昆虫的成虫和相应幼虫的载荷差异很明显(图 5.14)。具体来说,蝗虫成虫以 3 种氯代 PFRs(TCEP,TCIPP 和 TDCIPP)为主要 PFRs 化合物,而其幼虫则主要由 TPHP 和 TNBP 组成。荔蝽成虫中氯代 PFRs 和 TNBP 的比例显著高于其幼虫,但 TEHP 占比显著更低(各 $p<0.05$)。蛾成虫具有显著更高的 TCIPP 占比,但其幼虫具有更高的 TNBP 含量(各 $p<0.05$)。另外,蜻蜓的蜕皮比蜻蜓幼虫具有显著更高的 TCEP 含量,但其 TDCIPP 和 TBOEP 含量却显著更低(各 $p<0.05$)。同一类别的昆虫,成虫和幼虫之间 PFRs 组成特征的差异主要归因于昆虫在变态过程中对污染物的代谢、生物转化和再分配过程的差异。这些仍需要进一步的调查研究来进行更好的解释。

此外,本研究还采集了两种植物样品番石榴叶和草。草样是从捕捉蝗虫的地方采集的;番石榴树是荔蝽、蝴蝶(蛾)栖息之处,也是这些昆虫的食物。番石榴叶和草样的 PFRs 组成模式如图 5.15 所示。可以看出,草具有和蝗虫相似的污染物组成特征,以 TCIPP(8.3%～39%)、TPHP(7%～50%)和 TCEP(4.4%～24%)为主要污染物。值得注意的是,TPHP 是番石榴叶中的主要污染物,占总 PFRs 的 43%,但番石榴叶的 PFRs 组成与荔蝽、蝴蝶(蛾)似乎不同。我们又进一步对番石榴叶、荔蝽、蝴蝶(蛾)的 PFRs 组成进行了聚类分析。结果显示,可以将蝴蝶(蛾)和植物(番石榴叶)划分为一组,表示它们与番石榴叶具有相似的污染物组成。而荔蝽幼虫和成虫则不符合同类标准。如前所述,这可能与荔蝽独特的摄食行为和生物代谢有关。

5.3.2 生物放大

本节我们分别计算了蝗虫幼虫和蛾幼虫中 PFRs 的 BMF 值,这两种昆虫分别以草和番石榴叶为食,分别按式(5.3)和式(5.4)计算:

$$\mathrm{BMF}_{蝗虫幼虫} = c_{蝗虫幼虫} / c_{草} \quad (5.3)$$

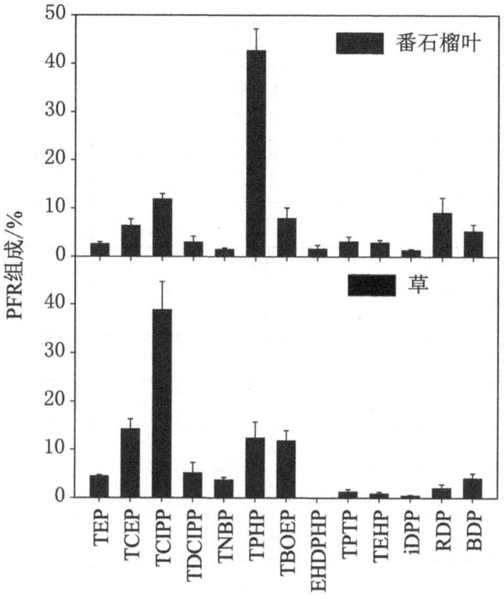

图 5.15　番石榴叶和草样的 PFRs 组成特征

$$BMF_{蛾幼虫} = c_{蛾幼虫} / c_{番石榴叶} \tag{5.4}$$

式中，$c_{蝗虫幼虫}$、$c_{草}$、$c_{蛾幼虫}$和 $c_{番石榴叶}$分别代表蝗虫幼虫、草、蛾幼虫和番石榴叶中的污染物浓度，ng/g ww。

蝗虫幼虫中总 PFRs 的平均 BMF 值为 10，各化合物的 BMF 值范围为 0.22～72。蛾幼虫中总 PFRs 的平均 BMF 值为 0.67，各化合物的 BMF 值范围为 0.023～16。具体结果见表 5.8。除 TEP、RDP 和 BDP 外，蝗虫幼虫中 PFRs 化合物的 BMF 值均大于 1，并显著高于蛾幼虫，表明蝗虫幼虫比蛾幼虫具有更大的 PFRs 生物放大潜力。Liu 等(2018d)也发现在该地区蝗虫幼虫中 PCBs 的 BMF 值要明显高于蛾幼虫(2.19 vs 0.78)。但由于缺乏昆虫中 PFRs 研究的相关资料，我们很难对这些差异进行解释。本书第 4 章中计算得中国水蛇(以普通小鲤鱼为捕食对象)中总 PFRs 的 BMF 值为 0.133。中国水蛇的 BMF 值均低于蝗虫幼虫和蛾幼虫，这可能是由 PFRs 在高营养级生物中国水蛇中的高效生物转化所致。此外，在本章中来自同一个采样地点的蛙类中的 PFRs 污染物浓度要显著低于昆虫，这可能表明蛙类对 PFRs 也没有生物放大作用，尽管这些样品不是在同一时间段采集的。

表 5.8　蝗虫幼虫和蛾幼虫中 PFRs 的生物放大因子

化合物	蝗虫幼虫	蛾幼虫
TEP	0.32	0.34
TCEP	2.9	1.9
TCIPP	2.3	1.4
TDCIPP	15	0.60
TNBP	72	16
TPHP	42	0.10
TBOEP	1.6	0.25
EHDPHP	—	0.95
TCrP	3.5	0.41
TEHP	2.8	0.31
iDDPHP	3.9	0.80
RDP	0.22	0.023
BDP	0.69	0.11
$\sum$PFRs	10	0.67

注：—表示数据不可用。

5.3.3　变态发育对 PFRs 在昆虫体内富集的影响

根据 Liu 等(2018d)的研究结果，污染物在昆虫成虫和幼虫中的浓度比值(成虫/幼虫，*A*/*L*)可用于评估变态发育对 PFRs 在昆虫体内富集的影响。这些昆虫中各 PFRs 化合物的 *A*/*L* 值范围分别为：荔蝽 0.31～5.5、蝴蝶(蛾)2.2～33、蝗虫 0.050～4.7、蜻蜓 1.1～27。此外，荔蝽中总 PFRs 的 *A*/*L* 值为 0.6、蝴蝶(蛾)为 8.9、蝗虫为 0.36、蜻蜓为 5.9。各昆虫经对数转化后的成幼虫浓度比值见表 5.9。可以看出，蝴蝶(蛾)和蜻蜓中各化合物的 *A*/*L* 值均大于 1，且明显高于荔蝽和蝗虫。与此同时我们也计算了这几种昆虫中邻苯二甲酸酯类塑化剂的 *A*/*L* 值，荔蝽、蝴蝶(蛾)、蝗虫和蜻蜓的 *A*/*L* 值范围分别为 0.60～4.1、0.31～13、0.005 9～2.1 和 0.76～7.9；总塑化剂的 *A*/*L* 值分别为 1.7、3.0、0.77 和 1.1。在这 4 类昆虫中，大部分的 PFRs 化合物比塑化剂的 *A*/*L* 值更高，表明变态发育过程中，PFRs 比塑化剂更易于在昆虫体内累积。Liu 等(2018d)和 Bartrons 等(2007)发现昆虫中

PBDEs 的 A/L 值明显高于 PCBs，表明在变态发育过程中 PBDEs 在昆虫中的生物累积潜能更大。

表 5.9　各昆虫对数转化后的成幼虫浓度比值(A/L)

化合物	荔蝽	蝗虫	蝴蝶	蛾	蜻蜓
TEP	—	1.22	1.63	1.20	1.48
TCEP	0.394	0.649	1.85	1.77	3.12
TCIPP	0.295	0.006 65	2.35	3.50	2.06
TDCIPP	1.21	−0.281	1.52	1.37	1.79
TNBP	0.864	−1.94	1.03	1.14	3.28
TPHP	−0.437	−2.99	2.30	1.45	0.930
TBOEP	1.15	0.232	0.914	1.25	1.11
EHDPHP	−0.405	0.524	0.833	0.800	0.100
TCrP	−0.00835	0.298	0.786	1.26	2.05
TEHP	−1.18	—	2.05	0.884	1.87
iDDPHP	−0.0533	1.35	0.914	0.863	1.77

注：—表示数据不可用。

为探究变态发育对 PFRs 和塑化剂在昆虫体内富集的影响，我们进一步分析了对数化的 A/L 值与 lg K_{OW} 之间的关系。如图 5.16 所示，本研究中所有昆虫的 ln(A/L)与 lg K_{OW} 之间均呈现负相关关系，其中荔蝽、蝴蝶(蛾)的相关关系具有显著性(各 $p<0.05$)。Liu 等(2018d)发现当 lg K_{OW} 小于 6.5 时，一些卤代有机污染物(如 PBDEs、PCBs 等)在这 4 类昆虫中的 ln(A/L)值与 lg K_{OW} 呈负线性相关，然后随着 lg K_{OW} 值增大，ln(A/L)值与其呈抛物线相关关系。Kraus 等(2014)发现水生昆虫中 PAHs 的 A/L 值与 lg K_{OW} 之间呈显著负相关关系(lg $K_{OW}<5$)，PCBs 的 A/L 值与 lg K_{OW} 呈抛物线相关关系(lg K_{OW} 范围为 5～8)。总体来看，昆虫变态发育过程中 PFRs 和增塑剂的变化规律与传统 POPs 有所不同，这主要是由不同化学物质之间物理化学性质不同造成的。POPs 是具有持久性的非极性化合物；而 PFRs 和塑化剂的极性明显高于 POPs。同时，不同化学物质的代谢能力也不同。与 Liu 等(2018d)和 Kraus 等(2014)报道的化学物质相比，PFRs 和塑化剂在生物体中更容易被代谢。因此，在变态发育过程中，

PFRs 和增塑剂在昆虫体内的分布、运输和代谢都将异于 POPs。但是，这些仍需要进一步研究。

此外，我们还发现蜻蜓蜕皮与蜻蜓幼虫的比值和 lg K_{OW}之间、蜻蜓蜕皮与蜻蜓成虫的比值与 lg K_{OW}之间均存在显著的负线性相关关系（各 $p<0.05$）（图 5.16），表明 K_{OW}值较低的 PFRs 和塑化剂更可能通过蜻蜓蜕皮被去除。蜻蜓蜕皮与蜻蜓幼虫的比值和 lg K_{OW}之间、蜻蜓蜕皮与蜻蜓成虫的比值与 lg K_{OW}之间的相关关系与蜻蜓的 A/L 值和 lg K_{OW}之间的关系是一致的，这可能是由 PFRs 和塑化剂容易在生物体中代谢，或通过其他排泄途径（如幼虫粪便）而造成的。

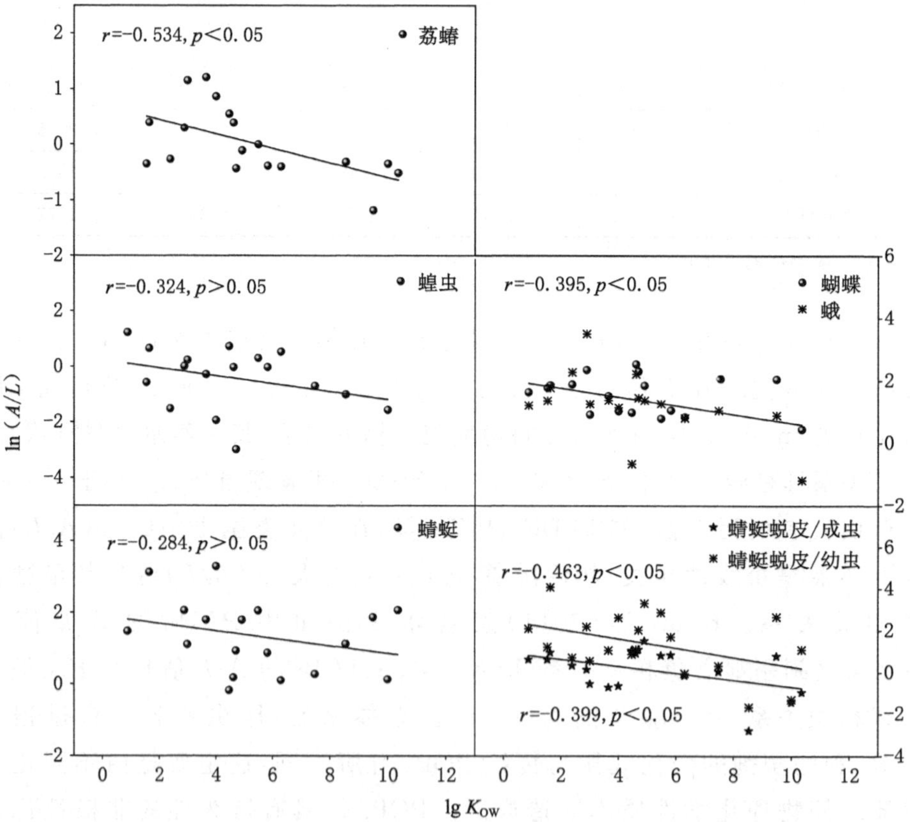

图 5.16　各类昆虫中 ln(A/L)与 lg K_{OW}的关系图

5.4　本章小结

本章首次研究了 PFRs 在两栖蛙类中的性别特异性累积特征和子代传递规律，探究了 PFRs 在不同昆虫类群中的富集特征，首次讨论了 PFRs 在昆虫变态发育过程中的变化规律，并分析了 PFRs 在昆虫体内的生物放大潜能。主要结论如下：

（1）蛙类的肝脏、性腺和肾脏组织具有较高的污染物水平。PFRs 在蛙类中浓度和组成模式的性别差异主要与其代谢和子代传递有关。OLR 比值与 lg K_{OW}之间无明显相关关系，表明除亲脂性外，其他因素（如生物积累途径和代谢）也可能影响 PFRs 在蛙类肝脏中的沉积。

（2）高暴露于 PFRs 下可能会降低蛙类肝脏的能量储存，进而降低蛙类在冬眠期间的存活率。

（3）PFRs 和塑化剂在蛙类中的子代传递规律具有性别特异性。以肌肉组织作为亲本组织时，雌蛙中 lg EMR 与 lg K_{OW}呈显著负相关关系，而雄蛙中 lg GMR 与 lg K_{OW}呈抛物线相关关系。使用不同组织（包括肝、肾、心、肠和肺）作为亲本组织时，肝脏与肌肉具有相似的子代传递规律，其他组织无明显规律。

（4）不同种类昆虫中 PFRs 的浓度和组成模式存在较大差异，主要是由栖息环境和摄食习性不同造成的。

（5）与较高营养级的脊椎动物（针对本书研究的鱼类和中国水蛇）不同，植食性昆虫（蝗虫幼虫）对大多数 PFRs 化合物具有生物放大效应，表明监测低营养级生物 PFRs 暴露的重要性。

（6）PFRs 和塑化剂在 4 类不同昆虫的变态发育过程中具有一致的变化规律，$\ln(A/L)$均与 lg K_{OW}呈负相关关系，表明不同种类昆虫在变态过程中具有相似的调控机制，并进一步影响昆虫体内污染物的富集特征。

第6章 结论与展望

6.1 主要结论

本书针对PFRs在动物中环境行为研究现状的不足，以珠江三角洲地区为研究区域，以几类典型动物(包括水生动物、两栖蛙类和昆虫)为研究对象，首先建立了高脂肪大样本量及小样本量中PFRs及其代谢产物的分析方法。然后，调查了PFRs在珠江三角洲河流淡水鱼中的分布特征及在电子垃圾污染区水生动物中的差异性富集特征。最后，研究了PFRs在中国水蛇和两栖蛙类中的子代传递特征及在昆虫变态发育过程中的变化。主要研究结论如下：

(1) 冷冻除脂-固相萃取法具有优良的脂肪去除率、准确性和稳健的可重复性，有效地解决了生物样品PFRs分析中脂肪难去除的瓶颈问题；适用于高脂肪含量和大样本量的样品分析。超声提取-固相萃取法实验流程短、简单快捷，可实现小样本量中PFRs和塑化剂类化合物的同步分析。

(2) 珠江三角洲河流淡水鱼中PFRs污染以TEHP、TCIPP、TCEP和TNBP为主；城市化水平和工业化程度共同影响该地区PFRs污染。亲脂性(lg K_{OW})仍然是决定PFRs在水生动物中富集的重要因素。生物转化(代谢)过程对PFRs的生物富集具有重要影响，这也是导致其具有种间和种内特异性以及在野外食物链上呈稀释而非放大的重要原因。

(3) PFRs倾向于在生物性腺中富集，具有通过亲代遗传的生态风险性。不同繁殖策略的动物(中国水蛇和蛙类)对PFRs的子代传递规律不同，且种内存在性别差异。PFRs在4类昆虫(蜻蜓目、鳞翅目、直翅目和半翅目)变态过程中具有一致的变化规律，表明其在不同昆虫变态过程中具有相似的调控机制。

6.2 创新点与不足

6.2.1 创新点

（1）本书建立了有效的大样本量中 PFRs 的分析方法，解决了生物样品分析中脂肪难去除的瓶颈问题，为野外痕量 PFRs 研究提供了方法支持。

（2）本书开展了珠江三角洲地区典型动物体中（包括水生动物、两栖蛙类和昆虫）PFRs 的富集和子代传递的研究工作，填补了诸多有关动物体中 PFRs 环境行为的研究空白。本书首次综合生物代谢全面分析了 PFRs 在水生动物中的富集特征，并揭示了生物转化（代谢）对 PFRs 的种间和种内特异性富集以及在野外水生食物链上呈稀释而非放大的重要影响。

（3）本书首次研究了 PFRs 在两栖蛙类中的性别特异性累积特征，探究了变态发育过程对 PFRs 在昆虫中富集的影响，并首次获得了高营养级中国水蛇和低营养级昆虫中 PFRs 的野外实测生物放大因子。

（4）本书首次报道了 PFRs 在卵胎生生物中国水蛇和两栖蛙类中的子代传递规律，发现 PFRs 倾向于在生物性腺中富集，$\lg K_{OW}$ 是影响 PFRs 子代传递效率的重要因素。此外，PFRs 的子代传递规律具有物种特异性，种内还具有性别差异性。

6.2.2 不足

本书主要的不足之处在于研究样品具有随机性。主要体现在以下 3 个方面：

（1）中国水蛇的样本量太少，只有 3 条水蛇具有水蛇蛋，用来研究其子代传递特征。

（2）第 4 章研究的水生动物样品中，中国水蛇和小鲤鱼样品与其他样品的采样时间相差较远，这可能对种间差异性比较的结果具有一定影响；

（3）第 4 章研究的水生食物链（沼虾-杂食性鱼类-肉食性鱼类）样品缺乏浮游动物作为初级消费者，无法计算各生物的营养级，只能用每种生物的 $\delta^{15}N$ 值来表示其在食物链中的相对营养位置，这样研究的 PFRs 食物链传递结果可能会有些偏差。

6.3 研究展望

(1) 本研究发现生物转化(代谢)是造成 PFRs 在水生动物中的种间和种内特异性富集以及在野外食物链上呈营养级稀释的重要原因,但由于样本量和技术手段的限制未能在两栖动物和昆虫中进行 PFRs 的生物代谢研究。而目前有关 PFRs 生物富集方面的研究也多集中在水生动物,今后可以重点关注其在陆生动物(如鸟类)、两栖类动物和昆虫中的富集和传递行为。同时,可以开展有关 PFRs 的生物转化工作,结合体外、体内代谢研究,明确物种、代谢酶系和转化产物的差异。

(2) 昆虫种类繁多且数量巨大,是有机污染物在生态系统中流动的重要载体。本书已初步发现低营养级的植食性陆生昆虫对 PFRs 具有生物放大作用,可以进一步研究 PFRs 在以昆虫为食的水、陆生食物网中的传递行为。

(3) 继续探究其他新兴有机污染物在水、陆生生态系统中的生物富集行为和机制。

附 录

附表 1 生物样品中的 PFRs 浓度

单位：ng/g lw

采样地点	种类	年份	数目	TNBP	TCEP	TCIPP	TDCIPP	TPHP	EHDPHP	TEHP	TCrP	TBOEP	∑PFRs
西班牙北部沿海地区(dw)	贻贝	2017	21	ND~4.4		ND~13.8		11~291	ND~2	ND~2		1.96~5.8	
南非	海豚	2012—2015	13	ND~1 333					ND~634	ND~5 581	ND~402	952~31 841	
韩国	贻贝、牡蛎	2016	50	<LOQ~77	<LOQ~41	<LOQ~1 241		<LOQ~257	<LOQ~78	<LOQ~150	<LOQ~472	<LOQ~395	18~1 516
巴塞罗那，西班牙	牛目朴丽鱼(肌肉)	2018	15	400				60.7	98.5				672
十字架海角，西班牙			15	316			1.08		29				379
葡萄牙	牡蛎	2016—2017	35				<LOQ~3.7						3.7~11
冰岛	鲸鱼(肌肉)	2015	20	165~214									31.9~10 232
阿尔沃兰海，西班牙	海豚	2004—2010	11	73.1~1 309	ND~61.8	ND~847		ND~40.1	ND~439		46.4~308	3.9~66.9	66~1 527
珠三角，中国(ww)	罗非鱼，鲶鱼，鲤鱼，鲫鱼		26	ND~209	ND~151	ND~207							ND~6.41
北运河，中国	上颚鱼、泥鳅、鲤鱼	2015	83	64~627	32.5~669	41.6~400	6.78~72.7	11.7~129	6.70~63.5	23.3~333			265~1 973
中国超市	鲫鱼、带鱼、鲫鱼			131.5~145.4	82.8~120.2	50.6~91.3	ND~27.5	ND~31.5		ND~32.9			

附表 1(续)

采样地点	种类	年份	数目	TNBP	TCEP	TCIPP	TDCIPP	TPHP	EHDPHP	TEHP	TCrP	TBOEP	ΣPFRs
洛东河,韩国南部(dw)	鲤鱼(肌肉)	2015	20	0.84~4.32	0.688~1.06	0.250~0.739		ND~0.798		ND~0.586			4.23~7.75
	鲤鱼(肝脏)			2.02~3.53	1.44~2.96	0.519~4.34							6.22~18.1
	鲤鱼(性腺)			0.79~1.45	0.544~1.9	ND~0.923		ND~1.29					3.08~7.70
略夫雷加特河,西班牙	鲤鱼,鳟鱼		12	<LOD~511	<LOQ~187	<LOD~309			<LOQ~574	<LOD~326	<LOD~139		
五大湖,美国	湖鳟	2010	15	0.18~5.04	6.55~35.6	2.91~26.2	5.49~16.6	3.93~50.7	ND~6.11				11.2~97.4
加拿大湖泊和河流(ww)	湖鳟、玻璃梭鲈	2009—2010	72		<LOQ~1.4							<LOQ~4.2	
斯瓦尔巴群岛,挪威	毛鳞鱼、凯迪威克鱼、海鸠鱼卵、灰鸥、海豹、北极狐、北极熊	2007—2010			<0.2~1.8 L <0.6~11 E 1.91~53 P	<1.3~15 L <3.4~5.2 E <0.2~188 P	<0.1~89 L <1.2~23 E <0.1~3.73 P	<0.3~1.3 L <0.9~1.3 E <0.2~10 P	<0.3~14.86 L <0.7~1 E <4.2~5.6 P	4.76~8.08L <0.04~7.11 E <0.6~0.7 P	<0.3~1.4 L <0.7~1 E <0.2~4.4 P	<0.3~955 L <62~95 E <7.4~33 P	
萨瓦河,埃夫罗塔斯河,阿迪杰河,欧洲	鲑鱼、褐鳟鱼、大理石鳟鱼、牛头纹彩虹鳟鱼、普通鲑鱼	2014—2015	27	ND~314	ND~60.9	ND~93	ND~2.76	ND~30.3	2.37~88.9	ND~39.5	ND~39.4	ND~5.32	14.4~650
斯凯尔特河口,荷兰(ww)	无脊椎动物、鱼、鸟		34		<0.06~1.6	<0.49~9.4	<0.06~0.73	0.21~2.0	<0.10~0.46	<0.06~0.27	<0.06~0.27	<1.3~71	
休伦湖,昌特里岛,加拿大	鲱鱼鸥血浆	2010	6				ND~0.41	1.3~4				ND~11	
太湖,中国	无脊椎生物		160	0.055	0.577~4.320	0.264~6.089	0.976~1.915	0.531~2.182	0.670~1.052	0.145~6.910	0.529~6.304		
	鱼		380	0.210	0.446~2.489	0.458~12.441	0.096~1.572	0.310~8.687	0.108~1.119	0.076	0.160~2.942	0.361~3.838	
太湖,中国	无脊椎生物、鱼	2014	93	ND~2.1	ND~25	0.30~13	ND~8.2	ND~7.6	ND~5.0	ND~9.6	ND~0.42	ND~2.1	
哈德逊湾,加拿大	北极熊组织	2013—2014	41										

注:(1) 此表引自 Pantelaki et al.,2020;

(2) ND代表未检测到;ww代表湿重浓度;dw代表干重浓度;L代表肝脏;E代表蛋/卵;P代表血清;LOQ代表定量限。

参考文献

罗孝俊,麦碧娴,2017.新型持久性有机污染物的生物富集[M].北京:科学出版社.

孙闰霞,2016.珠江三角洲水生生物中卤代有机污染物的时空分布、生物积累及人体暴露评估[D].广州:中国科学院研究生院(广州地球化学研究所).

谭晓欣,2016.珠江三角洲沉积物和水生生物中有机磷系阻燃剂的分布特征[D].广州:中国科学院研究生院(广州地球化学研究所).

王晓伟,刘景富,阴永光,2010.有机磷酸酯阻燃剂污染现状与研究进展[J].化学进展,22(10):1983-1992.

余乐洹,2013.卤代有机污染物在我国城市陆地生态系统中的区域分布、生物富集与生物放大[D].广州:中国科学院广州地球化学研究所.

ABDALLAH M A,COVACI A,2014. Organophosphate flame retardants in indoor dust from Egypt: implications for human exposure [J]. Environmental Science & Technology,48(9):4782-4789.

ALI N,ALI L,MEHDI T,et al,2013. Levels and profiles of organochlorines and flame retardants in car and house dust from Kuwait and Pakistan: implication for human exposure via dust ingestion [J]. Environment International,55:62-70.

ALI N,ALI MUSSTJAB AKBER SHAH EQANI S,ISMAIL I M I,et al,2016. Brominated and organophosphate flame retardants in indoor dust of Jeddah,Kingdom of Saudi Arabia: implications for human exposure[J]. Science of the Total Environment,569:269-277.

ALI N, DIRTU A C, VAN DEN EEDE N, et al, 2012. Occurrence of alternative flame retardants in indoor dust from New Zealand: indoor sources and human exposure assessment[J]. Chemosphere, 88(11): 1276-1282.

ALI N, ISMAIL I M I, KADI M W, et al, 2018. Currently used organophosphate flame retardants determined in the settled dust of masjids and hotels of Saudi Arabia, a new insight into human health implications of dust exposure[J]. Environmental Science Processes & Impacts, 20(5): 798-805.

AMINI N, CRESCENZI C, 2003. Feasibility of an on-line restricted access material/liquid chromatography/tandem mass spectrometry method in the rapid and sensitive determination of organophosphorus triesters in human blood plasma[J]. Journal of Chromatography B, 795(2): 245-256.

ANDRAEN J, 2007. Durable and environmentally friendly flame retardants for synthetics[D]. Raleigh: North Carolina State University.

ANDRESEN J A, GRUNDMANN A, BESTER K, 2004. Organophosphorus flame retardants and plasticisers in surface waters[J]. Science of the Total Environment, 332(1/2/3): 155-166.

ARAKI A, SAITO I, KANAZAWA A, et al, 2014. Phosphorus flame retardants in indoor dust and their relation to asthma and allergies of inhabitants[J]. Indoor Air, 24(1): 3-15.

ARUKWE A, CARTENY C C, EGGEN T, et al, 2018. Novel aspects of uptake patterns, metabolite formation and toxicological responses in Salmon exposed to the organophosphate esters: tris(2-butoxyethyl)- and tris(2-chloroethyl) phosphate[J]. Aquatic Toxicology, 196: 146-153.

AZNAR-ALEMANY Ò, SALA B, PLÖN S, et al, 2019. Halogenated and organophosphorus flame retardants in cetaceans from the southwestern Indian Ocean[J]. Chemosphere, 226: 791-799.

AZNAR-ALEMANY Ò, TRABALÓN L, JACOBS S, et al, 2017. Occurrence of halogenated flame retardants in commercial seafood species available in European markets[J]. Food and Chemical Toxicology, 104: 35-47.

BABALOLA B A, ADEYI A A, 2018. Levels, dietary intake and risk of polybrominated diphenyl ethers (PBDEs) in foods commonly consumed in Nigeria[J]. Food Chemistry,265:78-84.

BACALONI A, CAVALIERE C, FOGLIA P, et al, 2007. Liquid chromatography/tandem mass spectrometry determination of organophosphorus flame retardants and plasticizers in drinking and surface waters[J]. Rapid Communications in Mass Spectrometry,21(7):1123-1130.

BALLESTEROS-GÓMEZ A,ERRATICO C A,VAN DEN EEDE N,et al, 2015. In vitro metabolism of 2-ethylhexyldiphenyl phosphate (EHDPHP) by human liver microsomes[J]. Toxicology Letters,232(1):203-212.

BARTRONS M,GRATTON C,SPIESMAN B J,et al,2015. Taking the trophic bypass: aquatic-terrestrial linkage reduces methylmercury in a terrestrial food web[J]. Ecological Applications,25(1):151-159.

BARTRONS M, GRIMALT J O, CATALAN J, 2007. Concentration changes of organochlorine compounds and polybromodiphenyl ethers during metamorphosis of aquatic insects[J]. Environmental Science & Technology,41(17):6137-6141.

BASTIAENSEN M,AIT BAMAI Y,ARAKI A,et al,2019. Biomonitoring of organophosphate flame retardants and plasticizers in children: associations with house dust and housing characteristics in Japan[J]. Environmental Research,172:543-551.

BAXTER C V, FAUSCH K D, CARL SAUNDERS W, 2005. Tangled webs:reciprocal flows of invertebrate prey link streams and riparian zones [J]. Freshwater Biology,50(2):201-220.

BEDI M,VON GOETZ N,NG C,2020. Estimating polybrominated diphenyl ether (PBDE) exposure through seafood consumption in Switzerland using international food trade data [J]. Environment International, 138:105652.

BEKELE T G,ZHAO H X,WANG Q Z,et al,2019. Bioaccumulation and trophic transfer of emerging organophosphate flame retardants in the marine food webs of Laizhou Bay, North China[J]. Environmental Science & Technology, 53(22): 13417-13426.

BEKELE T G, ZHAO H X, WANG Q Z, 2021. Tissue distribution and bioaccumulation of organophosphate esters in wild marine fish from Laizhou Bay, North China: implications of human exposure via fish consumption[J]. Journal of Hazardous Materials, 401: 123410.

BEKELE T G, ZHAO H X, WANG Y, et al, 2018. Measurement and prediction of bioconcentration factors of organophosphate flame retardants in common carp (Cyprinus carpio) [J]. Ecotoxicology and Environmental Safety, 166: 270-276.

BENOTTI M J, TRENHOLM R A, VANDERFORD B J, et al, 2009. Pharmaceuticals and endocrine disrupting compounds in U. S. drinking water[J]. Environmental Science & Technology, 43(3): 597-603.

BERGH C, TORGRIP R, EMENIUS G, et al, 2011. Organophosphate and phthalate esters in air and settled dust-a multi-location indoor study[J]. Indoor Air, 21(1): 67-76.

BESTVATER L, 2014. The persistence, bioaccumulation, and inherent toxicity of two organophosphate flame retardants tris (2-butoxyethyl) phosphate and tris (1-chloro-2-propyl) phosphate in juvenile rainbow trout (Oncorhynchus mykiss)[D]. Winnipeg: University of Manitoba.

BI C Y, MAESTRE J P, LI H W, et al, 2018. Phthalates and organophosphates in settled dust and HVAC filter dust of U. S. low-income homes: association with season, building characteristics, and childhood asthma[J]. Environment International, 121: 916-930.

BINELLI A, PROVINI A, 2004. Risk for human health of some POPs due to fish from Lake Iseo[J]. Ecotoxicology and Environmental Safety, 58(1): 139-145.

BI X H, SIMONEIT B R T, WANG Z Z, et al, 2010. The major components of particles emitted during recycling of waste printed circuit boards in a typical e-waste workshop of South China[J]. Atmospheric Environment,

44(35):4440-4445.

BJÖRKLUND J,ISETUN S,NILSSON U,2004. Selective determination of organophosphate flame retardants and plasticizers in indoor air by gas chromatography, positive-ion chemical ionization and collision-induced dissociation mass spectrometry [J]. Rapid Communications in Mass Spectrometry,18(24):3079-3083.

BJÖRNSDOTTER M K,ROMERA-GARCÍA E,BORRULL J,et al,2018. Presence of diphenyl phosphate and aryl-phosphate flame retardants in indoor dust from different microenvironments in Spain and the Netherlands and estimation of human exposure [J]. Environment International,112:59-67.

BRANDSMA S H,LEONARDS P E G,LESLIE H A,et al,2015. Tracing organophosphorus and brominated flame retardants and plasticizers in an estuarine food web[J]. Science of the Total Environment,505:22-31.

BROMMER S, HARRAD S, 2015. Sources and human exposure implications of concentrations of organophosphate flame retardants in dust from UK cars,classrooms,living rooms,and offices[J]. Environment International,83:202-207.

BROMMER S, HARRAD S, VAN DEN EEDE N, et al, 2012. Concentrations of organophosphate esters and brominated flame retardants in German indoor dust samples[J]. Journal of Environmental Monitoring,14(9):2482-2487.

BURKA L T,SANDERS J M,HERR D W,et al,1991. Metabolism of tris (2-chloroethyl) phosphate in rats and mice[J]. Drug Metabolism and Disposition,19(2):443-447.

BURKHARD L P,2003. Factors influencing the design of bioaccumulation factor and biota-sediment accumulation factor field studies [J]. Environmental Toxicology and Chemistry,22(2):351-360.

BURREAU S,ZEBÜHR Y,BROMAN D,et al,2006. Biomagnification of PBDEs and PCBs in food webs from the Baltic Sea and the northern

Atlantic Ocean[J]. Science of the Total Environment,366(2/3):659-672.

BUTT C M, CONGLETON J, HOFFMAN K, et al, 2014. Metabolites of organophosphate flame retardants and 2-ethylhexyl tetrabromobenzoate in urine from paired mothers and toddlers[J]. Environmental Science & Technology,48(17):10432-10438.

CAMARASA J G, SERRA-BALDRICH E, 1992. Allergic contact dermatitis from triphenyl phosphate[J]. Contact Dermatitis,26(4):264-265.

CAMPONE L, PICCINELLI A L, OSTMAN C, et al, 2010. Determination of organophosphorous flame retardants in fish tissues by matrix solid-phase dispersion and gas chromatography[J]. Analytical and Bioanalytical Chemistry,397(2):799-806.

CANBAZ D, VAN VELZEN M M, HALLNER E, et al, 2016. Exposure to organophosphate and polybrominated diphenyl ether flame retardants via indoor dust and childhood asthma[J]. Indoor Air,26(3):403-413.

CAO S X, ZENG X Y, SONG H, et al, 2012. Levels and distributions of organophosphate flame retardants and plasticizers in sediment from Taihu Lake, China[J]. Environmental Toxicology and Chemistry, 31(7): 1478-1484.

CARLSSON H, NILSSON U, BECKER G, et al, 1997. Organophosphate ester flame retardants and plasticizers in the indoor environment: analytical methodology and occurrence[J]. Environmental Science & Technology,31(10):2931-2936.

CARLSSON P, CROSSE J D, HALSALL C, et al, 2016. Perfluoroalkylated substances (PFASs) and legacy persistent organic pollutants (POPs) in halibut and shrimp from coastal areas in the far north of Norway: small survey of important dietary foodstuffs for coastal communities[J]. Marine Pollution Bulletin,105(1):81-87.

CASTRO V, MONTES R, QUINTANA J B, et al, 2020. Determination of 18 organophosphorus flame retardants/plasticizers in mussel samples by matrix solid-phase dispersion combined to liquid chromatography-tandem mass spectrometry[J]. Talanta,208:120470.

CEJAS J R, ALMANSA E, VILLAMANDOS J E, et al, 2003. Lipid and fatty acid composition of ovaries from wild fish and ovaries and eggs from captive fish of White Sea bream (Diplodus sargus)[J]. Aquaculture,216 (1/2/3/4):299-313.

CEQUIER E,IONAS A C,COVACI A,et al,2014a. Occurrence of a broad range of legacy and emerging flame retardants in indoor environments in Norway[J]. Environmental Science & Technology,48(12):6827-6835.

CEQUIER E,MARCÉ R M,BECHER G,et al,2014b. A high-throughput method for determination of metabolites of organophosphate flame retardants in urine by ultra performance liquid chromatography-high resolution mass spectrometry[J]. Analytica Chimica Acta,845:98-104.

CEQUIER E, SAKHI A K, MARCÉ R M, et al, 2015. Human exposure pathways to organophosphate triesters:a biomonitoring study of mother-child pairs[J]. Environment International,75:159-165.

CHELLAPPA S, HUNTINGFORD F A, STRANG R H C, et al, 1995. Condition factor and hepatosomatic index as estimates of energy status in male three-spined stickleback [J]. Journal of Fish Biology, 47 (5): 775-787.

CHEN D, LETCHER R J, CHU S G, 2012. Determination of non-halogenated, chlorinated and brominated organophosphate flame retardants in herring gull eggs based on liquid chromatography-tandem quadrupole mass spectrometry[J]. Journal of Chromatography A,1220: 169-174.

CHEN M Y, YU M, LUO X J, et al, 2011. The factors controlling the partitioning of polybrominated diphenyl ethers and polychlorinated biphenyls in the water-column of the Pearl River Estuary in South China [J]. Marine Pollution Bulletin,62(1):29-35.

CHEN S J,FENG A H,HE M J,et al,2013. Current levels and composition profiles of PBDEs and alternative flame retardants in surface sediments from the Pearl River Delta, Southern China: comparison with historical data[J]. Science of the Total Environment, 444: 205-211.

CHOI W, LEE S, LEE H K, et al, 2020. Organophosphate flame retardants and plasticizers in sediment and bivalves along the Korean coast: occurrence, geographical distribution, and a potential for bioaccumulation [J]. Marine Pollution Bulletin, 156: 111275.

CHOO G, CHO H S, PARK K, et al, 2018. Tissue-specific distribution and bioaccumulation potential of organophosphate flame retardants in crucian carp[J]. Environmental Pollution, 239: 161-168.

CHOO G, OH J E, 2020. Seasonal occurrence and removal of organophosphate esters in conventional and advanced drinking water treatment plants[J]. Water Research, 186: 116359.

CHRISTIA C, POMA G, BESIS A, et al, 2018. Legacy and emerging organophosphorus flame retardants in car dust from Greece: implications for human exposure[J]. Chemosphere, 196: 231-239.

CHRISTIA C, TANG B, YIN S S, et al, 2019. Simultaneous determination of legacy and emerging organophosphorus flame retardants and plasticizers in indoor dust using liquid and gas chromatography-tandem mass spectrometry: method development, validation, and application [J]. Analytical and Bioanalytical Chemistry, 411(26): 7015-7025.

CHU S G, CHEN D, LETCHER R J, 2011. Dicationic ion-pairing of phosphoric acid diesters post-liquid chromatography and subsequent determination by electrospray positive ionization-tandem mass spectrometry[J]. Journal of Chromatography A, 1218(44): 8083-8088.

CHU S G, LETCHER R J, 2015. Determination of organophosphate flame retardants and plasticizers in lipid-rich matrices using dispersive solid-phase extraction as a sample cleanup step and ultra-high performance liquid chromatography with atmospheric pressure chemical ionization mass spectrometry[J]. Analytica Chimica Acta, 885: 183-190.

COOPER E M, COVACI A, VAN NUIJS A N, et al, 2011. Analysis of the flame retardant metabolites bis (1, 3-dichloro-2-propyl) phosphate (BDCPP) and diphenyl phosphate (DPP) in urine using liquid chromatography-tandem mass spectrometry [J]. Analytical and Bioanalytical Chemistry,401(7):2123-2132.

CRAWSHAW G J,WEINKLE T K,2000. Clinical and pathological aspects of the amphibian liver[J]. Seminars in Avian and Exotic Pet Medicine, 9(3):165-173.

CRISTALE J, KATSOYIANNIS A, SWEETMAN A J, et al, 2013. Occurrence and risk assessment of organophosphorus and brominated flame retardants in the River Aire (UK)[J]. Environmental Pollution, 179:194-200.

CUI Q Q, PAN Y T, ZHANG H X, et al, 2018. Occurrence and tissue distribution of novel perfluoroether carboxylic and sulfonic acids and legacy per/polyfluoroalkyl substances in black-spotted frog (pelophylax nigromaculatus) [J]. Environmental Science & Technology, 52 (3): 982-990.

DALEY J M, CORKUM L D, DROUILLARD K G, 2011. Aquatic to terrestrial transfer of sediment associated persistent organic pollutants is enhanced by bioamplification processes[J]. Environmental Toxicology and Chemistry,30(9):2167-2174.

DE BRUYN A M H, MELOCHE L M, LOWE C J, 2009. Patterns of bioaccumulation of polybrominated diphenyl ether and polychlorinated biphenyl congeners in marine mussels[J]. Environmental Science & Technology,43(10):3700-3704.

DENG W J, LI N, WU R, et al, 2018. Phosphorus flame retardants and bisphenol a in indoor dust and PM2. 5 in kindergartens and primary schools in Hong Kong[J]. Environmental Pollution,235:365-371.

DING J J,DENG T Q,XU M M,et al,2018. Residuals of organophosphate esters in foodstuffs and implication for human exposure [J]. Environmental Pollution,233:986-991.

DING J J, SHEN X L, LIU W P, et al, 2015. Occurrence and risk assessment of organophosphate esters in drinking water from Eastern China[J]. Science of the Total Environment, 538: 959-965.

DISHAW L V, POWERS C M, RYDE I T, et al, 2011. Is the PentaBDE replacement, tris (1, 3-dichloro-2-propyl) phosphate (TDCPP), a developmental neurotoxicant? Studies in PC12 cells[J]. Toxicology and Applied Pharmacology, 256(3): 281-289.

DODSON R E, VAN DEN EEDE N, COVACI A, et al, 2014. Urinary biomonitoring of phosphate flame retardants: levels in California adults and recommendations for future studies[J]. Environmental Science & Technology, 48(23): 13625-13633.

DU X Y, YUAN B, ZHOU Y H, et al, 2019. Tissue-specific accumulation, sexual difference, and maternal transfer of chlorinated paraffins in black-spotted frogs[J]. Environmental Science & Technology, 53(9): 4739-4746.

DU Z K, WANG G W, GAO S X, et al, 2015. Aryl organophosphate flame retardants induced cardiotoxicity during zebrafish embryogenesis: by disturbing expression of the transcriptional regulators[J]. Aquatic Toxicology, 2015, 161: 25-32.

ECHA, 2007. Information requirements and chemical safety assessment guidance[R]. ECHA.

EFRA, 2007. Frequently asked questions[R]. Brussels: EFRA.

EPA, 2009. DecaBDE phase-out initiative[R]. Washington: United States Environmental Protection Agency.

EPA, 2005. Environmental profiles of chemical flame-retardant alternatives for low-density polyurethane foam[R]. Washington: United States Environmental Protection Agency.

EQANI S A, MALIK R N, CINCINELLI A, et al, 2013. Uptake of organochlorine pesticides (OCPs) and polychlorinated biphenyls (PCBs) by river water fish: the case of River Chenab[J]. Science of the Total

Environment,450:83-91.

EU,2008a. European union risk assessment report:tris (1-chloro-2-propyl) phosphate (TCPP)[R]. Luxembourg:Office for Official Publications of the European Communities.

EU,2008b. Tris[2-chloro-1-(chloromethyl)ethyl] phosphate (TDCP) CAS [R]. Risk Assessment Report.

EVENSET A,LEKNES H,CHRISTENSEN G N,et al,2009. Screening of new contaminants in samples from the norwegian arctic rapport[R]. Norway:Norwegian Pollution Control Agency.

FACEY D E, BLAZER V S, GASPER M M, et al, 2005. Using fish biomarkers to monitor improvements in environmental quality[J]. Journal of Aquatic Animal Health,17(3):263-266.

FAIR P A,WHITE N D,WOLF B,et al,2018. Persistent organic pollutants in fish from Charleston Harbor and tributaries,South Carolina,United States:a risk assessment[J]. Environmental Research,167:598-613.

FREUDENTHAL R I, MCDONALD L J, JOHNSON J V, et al, 2000. Comparative metabolism and toxicokinetics of ^{14}C-ResorcinoI bis-diphenylphosphate (RDP) in the rat, mouse, and monkey [J]. International Journal of Toxicology,19(4):233-242.

FROMME H,LAHRZ T,KRAFT M,et al,2014. Organophosphate flame retardants and plasticizers in the air and dust in German daycare centers and human biomonitoring in visiting children (LUPE 3)[J]. Environment International,71:158-163.

FU J,FU K H,GAO K,et al,2020. Occurrence and trophic magnification of organophosphate esters in an Antarctic ecosystem:insights into the shift from legacy to emerging pollutants[J]. Journal of Hazardous Materials, 396:122742.

GADELHA J R,ROCHA A C,CAMACHO C,et al,2019. Persistent and emerging pollutants assessment on aquaculture oysters (Crassostrea gigas) from NW Portuguese coast (Ria De Aveiro)[J]. Science of the

Total Environment,666:731-742.
GAO Z Q, DENG Y H, YUAN W T, et al, 2014. Determination of organophosphorus flame retardants in fish by pressurized liquid extraction using aqueous solutions and solid-phase microextraction coupled with gas chromatography-flame photometric detector [J]. Journal of Chromatography A,1366:31-37.
GARCÍA-LÓPEZ M,RODRÍGUEZ I,CELA R,et al,2009. Determination of organophosphate flame retardants and plasticizers in sediment samples using microwave-assisted extraction and gas chromatography with inductively coupled plasma mass spectrometry [J]. Talanta, 79 (3): 824-829.
GARCIA-GARIN O,SALA B,AGUILAR A,et al,2020a. Organophosphate contaminants in north Atlantic fin whales [J]. Science of the Total Environment,721:137768.
GARCIA-GARIN O, VIGHI M, SALA B, et al, 2020b. Assessment of organophosphate flame retardants in Mediterranean Boops boops and their relationship to anthropization levels and microplastic ingestion[J]. Chemosphere,252:126569.
GAYLOR M O, MEARS G L, HARVEY E, et al, 2014. Polybrominated diphenyl ether accumulation in an agricultural soil ecosystem receiving wastewater sludge amendments [J]. Environmental Science & Technology,48(12):7034-7043.
GIULIVO M, CAPRI E, ELJARRAT E, et al, 2016. Analysis of organophosphorus flame retardants in environmental and biotic matrices using on-line turbulent flow chromatography-liquid chromatography-tandem mass spectrometry [J]. Journal of Chromatography A, 1474: 71-78.
GIULIVO M, CAPRI E, KALOGIANNI E, et al, 2017. Occurrence of halogenated and organophosphate flame retardants in sediment and fish samples from three European river basins [J]. Science of the Total

Environment,586:782-791.

GOBAS F A P C, WILCOCKSON J B, RUSSELL R W, et al, 1999. Mechanism of biomagnification in fish under laboratory and field conditions[J]. Environmental Science & Technology,33(1):133-141.

GOBAS F,MORRISON H,2000. Bioconcentration and biomagnification in the aquatic environment[M]//Handbook of Property Estimation Methods for Chemicals. Boca Raton:CRC Press.

GREAVES A K,SU G Y,LETCHER R J,2016. Environmentally relevant organophosphate triesters in herring gulls:in vitro biotransformation and kinetics and diester metabolite formation using a hepatic microsomal assay [J]. Toxicology and Applied Pharmacology,308:59-65.

GREEN N,SCHLABACH M,BAKKET,et al,2008. Screening of selected metals and new organic contaminants[R]. Norway:NIVA.

GREEN N,SCHLABACH M,BAKKET,et al,2007. Screening of selected metals and new organic contaminants[R]. Norway:Norwegian Pollution Control Agency.

GUO J H, VENIER M, SALAMOVA A, et al, 2017. Bioaccumulation of Dechloranes,organophosphate esters,and other flame retardants in Great Lakes fish[J]. Science of the Total Environment,583:1-9.

GUO X D, MU T N, XIAN Y P, et al, 2016. Ultra-performance liquid chromatography tandem mass spectrometry for the rapid simultaneous analysis of nine organophosphate esters in milk powder [J]. Food Chemistry,196:673-681.

HALLANGER I G, SAGERUP K, EVENSET A, et al, 2015. Organophosphorous flame retardants in biota from svalbard,Norway[J]. Marine Pollution Bulletin,101(1):442-447.

HALLOUM W,CARIOU R,DERVILLY-PINEL G,et al,2017. APCI as an innovative ionization mode compared with EI and CI for the analysis of a large range of organophosphate esters using GC-MS/MS[J]. Journal of Mass Spectrometry,52(1):54-61.

HAO Q,SUN Y X,XU X R,et al,2015. Geographical distribution and risk assessment of persistent organic pollutants in golden threads (Nemipterus virgatus) from the northern South China Sea[J]. Ecotoxicology,24(7/8):1593-1600.

HARKEY G A,KLAINE S J,1992. Bioconcentration of trans-chlordane by the midge,chironomus decorus[J]. Chemosphere,24(12):1911-1919.

HARRAD S J,SMITH D J T,1997. Bioaccumulation factors (BAFs) and biota to sediment accumulation factors (BSAFs) for PCBs in Pike and eels [J]. Environmental Science and Pollution Research,4(4):189-193.

HARRISON N,WEARNE S,DE M GEM M G,et al,1998. Time trends in human dietary exposure to PCDDS,PCDDS and PCBS in the UK[J]. Chemosphere,37(9/10/11/12):1657-1670.

HE C T,ZHENG J,QIAO L,et al,2015. Occurrence of organophosphorus flame retardants in indoor dust in multiple microenvironments of Southern China and implications for human exposure[J]. Chemosphere, 133:47-52.

HE C, WANG X Y, TANG S Y, et al, 2018. Concentrations of organophosphate esters and their specific metabolites in food in southeast Queensland, Australia: is dietary exposure an important pathway of organophosphate esters and their metabolites? [J]. Environmental Science & Technology,52(21):12765-12773.

HE H, GAO Z Q, ZHU D L, et al, 2017. Assessing bioaccessibility and bioavailability of chlorinated organophosphorus flame retardants in sediments[J]. Chemosphere,189:239-246.

HE M J,LU J F,WEI S Q,2019. Organophosphate esters in biota,water, and air from an agricultural area of Chongqing, western China: concentrations,composition profiles,partition and human exposure[J]. Environmental Pollution,244:388-397.

HE M J, LUO X J, CHEN M Y, et al, 2012. Bioaccumulation of polybrominated diphenyl ethers and decabromodiphenyl ethane in fish from a river system in a highly industrialized area, South China[J]. Science of the Total Environment,419:109-115.

HOFFMAN K, GARANTZIOTIS S, BIRNBAUM L S, et al, 2015. Monitoring indoor exposure to organophosphate flame retardants: hand wipes and house dust[J]. Environmental Health Perspectives, 123(2): 160-165.

HOU R, HUANG C, RAO K F, et al, 2018. Characterized in vitro metabolism kinetics of alkyl organophosphate esters in fish liver and intestinal microsomes[J]. Environmental Science & Technology,52(5): 3202-3210.

HOU R, LIU C, GAO X Z, et al, 2017. Accumulation and distribution of organophosphate flame retardants (PFRs) and their di-alkyl phosphates (DAPs) metabolites in different freshwater fish from locations around Beijing,China[J]. Environmental Pollution,229:548-556.

HOU R, XU Y P, RAO K F, et al, 2020. Tissue-specific bioaccumulation, metabolism and excretion of tris (2-ethylhexyl) phosphate (TEHP) in rare minnow (Gobiocyprisrarus) [J]. Environmental Pollution, 261:114245.

HOU R, XU Y P, WANG Z J, 2016. Review of OPFRs in animals and humans: absorption, bioaccumulation, metabolism, and internal exposure research[J]. Chemosphere,153:78-90.

HOU R, YUAN S W, FENG C L, et al, 2019. Toxicokinetic patterns, metabolites formation and distribution in various tissues of the Chinese rare minnow (Gobiocypris rarus) exposed to tri (2-butoxyethyl) phosphate (TBOEP) and tri-n-butyl phosphate (TNBP)[J]. Science of the Total Environment,668:806-814.

HOUTMAN C J, KROESBERGEN J, BAGGELAAR P K, et al, 2019. Statistical analysis of a large set of semi-quantitative GC-MS screening data to evaluate and prioritize organic contaminants in surface and drinking water of the Netherlands[J]. Science of the Total Environment,

697:133806.

HUANG C C,ZENG Y H,LUO X J,et al,2018. Level changes and human dietary exposure assessment of halogenated flame retardant levels in free-range chicken eggs:a case study of a former e-waste recycling site,South China[J]. Science of the Total Environment,634:509-515.

HU X L, GU Y Y, HUANG W P, et al, 2016. Phthalate monoesters as markers of phthalate contamination in wild marine organisms [J]. Environmental Pollution,218:410-418.

ISETUN S, NILSSON U, COLMSJÖ A, 2004a. Evaluation of solid-phase microextraction with PDMS for air sampling of gaseous organophosphate flame-retardants and plasticizers [J]. Analytical and Bioanalytical Chemistry,380(2):319-324.

ISETUN S, NILSSON U, COLMSJÖ A, et al, 2004b. Air sampling of organophosphate triesters using SPME under non-equilibrium conditions [J]. Analytical and Bioanalytical Chemistry,378(7):1847-1853.

JASPERS V B,COVACI A,VOORSPOELS S,et al,2006. Brominated flame retardants and organochlorine pollutants in aquatic and terrestrial predatory birds of Belgium: levels, patterns, tissue distribution and condition factors[J]. Environmental Pollution,139(2):340-352.

JIANG Q T, LEE T K M, CHEN K, et al, 2005. Human health risk assessment of organochlorines associated with fish consumption in a coastal city in China[J]. Environmental Pollution,136(1):155-165.

KADOKAMI K, TAKEISHI M, KURAMOTO M, et al, 2004. Maternal transfer of organochlorine pesticides, polychlorinated dibenzo-p-dioxins, dibenzofurans, and coplanar polychlorinated biphenyls in frogs to their eggs[J]. Chemosphere,57(5):383-389.

KANAZAWA A, SAITO I, ARAKI A, et al, 2010. Association between indoor exposure to semi-volatile organic compounds and building-related symptoms among the occupants of residential dwellings[J]. Indoor Air,20(1):72-84.

KIM J W, ISOBE T, CHANG K H, et al, 2011. Levels and distribution of organophosphorus flame retardants and plasticizers in fishes from Manila Bay, the Philippines[J]. Environmental Pollution, 159(12): 3653-3659.

KIM U J, JO H, LEE I S, et al, 2015. Investigation of bioaccumulation and biotransformation of polybrominated diphenyl ethers, hydroxylated and methoxylated derivatives in varying trophic level freshwater fishes[J]. Chemosphere, 137: 108-114.

KOBAYASHI J, IMUTA Y, KOMORITA T, et al, 2015. Trophic magnification of polychlorinated biphenyls and polybrominated diphenyl ethers in an estuarine food web of the Ariake Sea, Japan [J]. Chemosphere, 118: 201-206.

KRAUS J M, WALTERS D M, WESNER J S, et al, 2014. Metamorphosis alters contaminants and chemical tracers in insects: implications for food webs[J]. Environmental Science & Technology, 48(18): 10957-10965.

KUO D T F, CHEN C C, 2016. Deriving in vivo biotransformation rate constants and metabolite parent concentration factor/stable metabolite factor from bioaccumulation and bioconcentration experiments: an illustration with worm accumulation data[J]. Environmental Toxicology and Chemistry, 35(12): 2903-2909.

KUREBAYASHI H, TANAKA A, YAMAHA T, 1985. Metabolism and disposition of the flame retardant plasticizer, tri-p-cresyl phosphate, in the rat[J]. Toxicology and Applied Pharmacology, 77(3): 395-404.

LARSSON P, 1984. Transport of PCBs from aquatic to terrestrial environments by emerging chironomids [J]. Environmental Pollution Series A, Ecological and Biological, 34(3): 283-289.

LEE S, JEONG W, KANNAN K, et al, 2016. Occurrence and exposure assessment of organophosphate flame retardants (OPFRs) through the consumption of drinking water in Korea [J]. Water Research, 103: 182-188.

LEHNER A F, SAMSING F, RUMBEIHA W K, 2010. Organophosphate

ester flame retardant-induced acute intoxications in dogs[J]. Journal of Medical Toxicology,6(4):448-458.

LEONARDS P,STEINDAL E H,VAN DER VEEN et al,2011. Screening of organophosphor flame retardants[R]. Norway:SPFO.

LETCHER R J, MORRIS A D, DYCK M, et al, 2018. Legacy and new halogenated persistent organic pollutants in polar bears from a contamination hotspot in the Arctic, Hudson Bay Canada[J]. Science of the Total Environment,610:121-136.

LI H Z, ZHANG B Z, WEI Y L, et al, 2014a. Bioaccumulation of highly hydrophobic organohalogen flame retardants from sediments: application of toxicokinetics and passive sampling techniques [J]. Environmental Science & Technology,48(12):6957-6964.

LI J F, HE J H, LI Y N, et al, 2019. Assessing the threats of organophosphate esters (flame retardants and plasticizers) to drinking water safety based on USEPA oral reference dose (RfD) and oral cancer slope factor (SFO)[J]. Water Research,154:84-93.

LI J,YU N Y,ZHANG B B,et al,2014b. Occurrence of organophosphate flame retardants in drinking water from China[J]. Water Research,54:53-61.

LIU X S, JI K, CHOI K, 2012. Endocrine disruption potentials of organophosphate flame retardants and related mechanisms in H295R and MVLN cell lines and in zebrafish[J]. Aquatic Toxicology,114:173-181.

LIU X T,CAO Z G,YU G,et al,2018a. Estimation of exposure to organic flame retardants via hand wipe, surface wipe, and dust: comparability of different assessment strategies [J]. Environmental Science & Technology,52(17):9946-9953.

LIU Y,LUO X J,HUANG L Q,et al,2018b. Bioaccumulation of persistent halogenated organic pollutants in insects: common alterations to the pollutant pattern for different insects during metamorphosis [J]. Environmental Science & Technology,52(9):5145-5153.

LIU Y, LUO X J, HUANG L Q, et al, 2018c. Halogenated organic pollutants in aquatic, amphibious, and terrestrial organisms from an e-waste site: habitat-dependent accumulation and maternal transfer in watersnake[J]. Environmental Pollution, 241: 1063-1070.

LIU Y W, LIU J Y, YU M, et al, 2018d. Hydroxylated and methoxylated polybrominated diphenyl ethers in a marine food web of Chinese Bohai Sea and their human dietary exposure[J]. Environmental Pollution, 233: 604-611.

LI X M, ZHAO N N, FU J, et al, 2020a. Organophosphate diesters (di-OPEs) play a critical role in understanding global organophosphate esters (OPEs) in fishmeal[J]. Environmental Science & Technology, 54(19): 12130-12141.

LI Z H, PANTON S, MARSHALL L, et al, 2018. Spatial analysis of polybrominated diphenylethers (PBDEs) and polybrominated biphenyls (PBBs) in fish collected from UK and proximate marine waters[J]. Chemosphere, 195: 727-734.

LI Z R, LUO X J, HUANG L Q, et al, 2016. In ovo uptake, metabolism, and tissue-specific distribution of chiral PCBs and PBDEs in developing chicken embryos[J]. Scientific Reports, 6: 36597.

LI Z R, LUO X J, LIN L, et al, 2020b. Effect of laying sequence and selection of maternal tissues in assessment of maternal transfer of organohalogenated contaminants during chicken egg formation: a pilot study[J]. Environmental Pollution, 270: 116157.

LUO H Y, XIAN Y P, GUO X D, et al, 2014. Dispersive liquid-liquid microextraction combined with ultrahigh performance liquid chromatography/tandem mass spectrometry for determination of organophosphate esters in aqueous samples[J]. The Scientific World Journal, 2014: 162465.

LUO P, BAO L J, GUO Y, et al, 2016. Size-dependent atmospheric deposition and inhalation exposure of particle-bound organophosphate flame retardants[J]. Journal of Hazardous Materials, 301: 504-511.

LUO X J, MAI B X, YANG Q S, et al, 2004. Polycyclic aromatic hydrocarbons (PAHs) and organochlorine pesticides in water columns from the Pearl River and the Macao harbor in the Pearl River Delta in South China[J]. Marine Pollution Bulletin, 48(11/12): 1102-1115.

LUO X J, SUN Y X, WU J P, et al, 2015. Short-chain chlorinated paraffins in terrestrial bird species inhabiting an e-waste recycling site in South China[J]. Environmental Pollution, 198: 41-46.

LYNN R K, WONG K, GARVIE-GOULD C, et al, 1981. Disposition of the flame retardant, tris(1, 3-dichloro-2-propyl) phosphate, in the rat[J]. Drug Metabolism and Disposition, 9(5): 434-441.

MAI B X, ZENG E Y, LUO X J, et al, 2005. Abundances, depositional fluxes, and homologue patterns of polychlorinated biphenyls in dated sediment cores from the Pearl River Delta, China[J]. Environmental Science & Technology, 39(1): 49-56.

MALARVANNAN G, BELPAIRE C, GEERAERTS C, et al, 2015. Organophosphorus flame retardants in the European eel in Flanders, Belgium: occurrence, fate and human health risk[J]. Environmental Research, 140: 604-610.

MANSOURI K, CONSONNI V, DURJAVA M K, et al, 2012. Assessing bioaccumulation of polybrominated diphenyl ethers for aquatic species by QSAR modeling[J]. Chemosphere, 89(4): 433-444.

MARKLUND A, ANDERSSON B, HAGLUND P, 2005a. Organophosphorus flame retardants and plasticizers in air from various indoor environments[J]. Journal of Environmental Monitoring, 7(8): 814-819.

MARKLUND A, ANDERSSON B, HAGLUND P, 2005b. Organophosphorus flame retardants and plasticizers in Swedish sewage treatment plants[J]. Environmental Science and Technology, 39(19): 7423-7429.

MA X D,CHEN C,ZHANG H J,et al,2014. Congener-specific distribution and bioaccumulation of short-chain chlorinated paraffins in sediments and bivalves of the Bohai Sea,China[J]. Marine Pollution Bulletin,79(1/2): 299-304.

MA Y Q,CUI K Y,ZENG F,et al,2013. Microwave-assisted extraction combined with gel permeation chromatography and silica gel cleanup followed by gas chromatography-mass spectrometry for the determination of organophosphorus flame retardants and plasticizers in biological samples[J]. Analytica Chimica Acta,786:47-53.

MCGOLDRICK D J, LETCHER R J, BARRESI E, et al, 2014. Organophosphate flame retardants and organosiloxanes in predatory freshwater fish from locations across Canada [J]. Environmental Pollution,193:254-261.

MEEKER J D,COOPER E M,STAPLETON H M,et al,2013. Urinary metabolites of organophosphate flame retardants:temporal variability and correlations with house dust concentrations[J]. Environmental Health Perspectives,121(5):580-585.

MEEKER J D, STAPLETON H M, 2010. House dust concentrations of organophosphate flame retardants in relation to hormone levels and semen quality parameters [J]. Environmental Health Perspectives, 118 (3): 318-323.

MEYER J, BESTER K, 2004. Organophosphate flame retardants and plasticisers in wastewater treatment plants[J]. Journal of Environmental Monitoring,6(7):599-605.

MÖLLER A,STURM R,XIE Z Y,et al,2012. Organophosphorus flame retardants and plasticizers in airborne particles over the Northern Pacific and Indian Ocean toward the Polar Regions: evidence for global occurrence[J]. Environmental Science & Technology,46(6):3127-3134.

MÖLLER K,CRESCENZI C,NILSSON U,2004. Determination of a flame retardant hydrolysis product in human urine by SPE and LC-MS:

comparison of molecularly imprinted solid-phase extraction with a mixed-mode anion exchanger[J]. Analytical and Bioanalytical Chemistry, 378(1):197-204.

MUIR D C G, YARECHEWSKI A L, GRIFT N P, 1983. Environmental dynamics of phosphate esters. Ⅲ. Comparison of the bioconcentration of four triaryl phosphates by fish[J]. Chemosphere, 12(2):155-166.

NISHIMAKI-MOGAMI T, MINEGISHI K, TANAKA A, et al, 1988. Isolation and identification of metabolites of 2-ethylhexyl diphenyl phosphate in rats[J]. Archives of Toxicology, 61(4):259-264.

NI Y, KUMAGAI K, YANAGISAWA Y, 2007. Measuring emissions of organophosphate flame retardants using a passive flux sampler[J]. Atmospheric Environment, 41(15):3235-3240.

NOMEIR A A, KATO S, MATTHEWS H B, 1981. The metabolism and disposition of tris(1,3-dichloro-2-propyl) phosphate (fyrol FR-2) in the rat[J]. Toxicology and Applied Pharmacology, 57(3):401-413.

NYHOLM J R, NORMAN A, NORRGREN L, et al, 2008. Maternal transfer of brominated flame retardants in zebrafish (Danio rerio)[J]. Chemosphere, 73(2):203-208.

OEHHA, 2011. Evidence on the carcinogenicity of tris(1, 3-dichloro-2-propyl) phosphate, reproductive and cancer hazard assessment branch office of environmental health hazard assessment[R]. Sacramento: California Environmental Protection Agency.

OKA M, ARAI T, SHIBATA Y, et al, 2006. Reproductive transfer of organochlorines in viviparous surfperch, ditrema temmincki[J]. Environmental Pollution, 142(3):383-387.

OTAKE T, YOSHINAGA J, YANAGISAWA Y, 2001. Analysis of organic esters of plasticizer in indoor air by GC-MS and GC-FPD[J]. Environmental Science & Technology, 35(15):3099-3102.

PANTELAKI I, VOUTSA D, 2020. Occurrence, analysis and risk assessment of organophosphate esters (OPEs) in biota: a review[J].

Marine Pollution Bulletin,160:111547.

PARDO O, FERNÁNDEZ S F, QUIJANO L, et al, 2020. Polybrominated diphenyl ethers in foods from the region of Valencia: dietary exposure and risk assessment[J]. Chemosphere, 250:126247.

PENG H, ZHANG K, WAN Y, et al, 2012. Tissue distribution, maternal transfer, and age-related accumulation of dechloranes in Chinese sturgeon [J]. Environmental Science & Technology, 46(18):9907-9913.

PETROPOULOU S E, PETREAS M, PARK J S, 2016. Analytical methodology using ion-pair liquid chromatography-tandem mass spectrometry for the determination of four di-ester metabolites of organophosphate flame retardants in California human urine[J]. Journal of Chromatography A, 1434:70-80.

POMA G, CUYKX M, AMATO E, et al, 2017a. Evaluation of hazardous chemicals in edible insects and insect-based food intended for human consumption[J]. Food and Chemical Toxicology, 100:70-79.

POMA G, GLYNN A, MALARVANNAN G, et al, 2017b. Dietary intake of phosphorus flame retardants (PFRs) using Swedish food market basket estimations[J]. Food and Chemical Toxicology, 100:1-7.

POMA G, LIU Y, CUYKX M, et al, 2019a. Occurrence of organophosphorus flame retardants and plasticizers in wild insects from a former e-waste recycling site in the Guangdong province, South China[J]. Science of the Total Environment, 650:709-712.

POMA G, SALES C, BRUYLAND B, et al, 2018. Occurrence of organophosphorus flame retardants and plasticizers (PFRs) in Belgian foodstuffs and estimation of the dietary exposure of the adult population [J]. Environmental Science & Technology, 52(4):2331-2338.

POMA G, VOLTA P, ROSCIOLI C, et al, 2014. Concentrations and trophic interactions of novel brominated flame retardants, HBCD, and PBDEs in zooplankton and fish from Lake Maggiore (Northern Italy)[J]. Science of the Total Environment, 481:401-408.

POMA G, YIN S S, TANG B, et al, 2019b. Occurrence of selected organic contaminants in edible insects and assessment of their chemical safety[J]. Environmental Health Perspectives, 127(12): 127009.

PORTER E, CRUMP D, EGLOFF C, et al, 2014. Use of an avian hepatocyte assay and the avian Toxchip Polymerse chain reaction array for testing prioritization of 16 organic flame retardants [J]. Environmental Toxicology and Chemistry, 33(3): 573-582.

PÉREZ-FUENTETAJA A, MACKINTOSH S A, ZIMMERMAN L R, et al, 2015. Trophic transfer of flame retardants (PBDEs) in the food web of Lake Erie[J]. Canadian Journal of Fisheries and Aquatic Sciences, 72 (12): 1886-1896.

QUINTANA J B, RODIL R, LÓPEZ-MAHÍA P, et al, 2007. Optimisation of a selective method for the determination of organophosphorous triesters in outdoor particulate samples by pressurised liquid extraction and large-volume injection gas chromatography-positive chemical ionisation-tandem mass spectrometry[J]. Analytical and Bioanalytical Chemistry, 388(5/6): 1283-1293.

QUINTANA J B, RODIL R, REEMTSMA T, et al, 2008. Organophosphorus flame retardants and plasticizers in water and air Ⅱ: analytical methodology [J]. TrAC Trends in Analytical Chemistry, 27 (10): 904-915.

RAJSKI Ł, LOZANO A, UCLÉS A, et al, 2013. Determination of pesticide residues in high oil vegetal commodities by using various multi-residue methods and clean-ups followed by liquid chromatography tandem mass spectrometry[J]. Journal of Chromatography A, 1304: 109-120.

RANTAKOKKO P, KUMAR E, BRABER J, et al, 2019. Concentrations of brominated and phosphorous flame retardants in Finnish house dust and insights into children's exposure[J]. Chemosphere, 223: 99-107.

REEMTSMA T, LINGOTT J, ROEGLER S, 2011. Determination of 14 monoalkyl phosphates, dialkyl phosphates and dialkyl thiophosphates by

LC-MS/MS in human urinary samples [J]. Science of the Total Environment, 409(10): 1990-1993.

REEMTSMA T, QUINTANA J B, RODIL R, et al, 2008. Organophosphorus flame retardants and plasticizers in water and air Ⅰ: occurrence and fate[J]. TrAC Trends in Analytical Chemistry, 27(9): 727-737.

REN X H, LEE Y J, HAN H J, et al, 2008. Effect of tris-(2-chloroethyl)-phosphate (TCEP) at environmental concentration on the levels of cell cycle regulatory protein expression in primary cultured rabbit renal proximal tubule cells[J]. Chemosphere, 74(1): 84-88.

RODIL R, QUINTANA J B, CONCHA-GRAÑA E, et al, 2012. Emerging pollutants in sewage, surface and drinking water in Galicia (NW Spain) [J]. Chemosphere, 86(10): 1040-1049.

RODIL R, QUINTANA J B, REEMTSMA T, 2005. Liquid chromatography-tandem mass spectrometry determination of nonionic organophosphorus flame retardants and plasticizers in wastewater samples[J]. Analytical Chemistry, 77(10): 3083-3089.

RODRÍGUEZ I, CALVO F, QUINTANA J B, et al, 2006. Suitability of solid-phase microextraction for the determination of organophosphate flame retardants and plasticizers in water samples [J]. Journal of Chromatography A, 1108(2): 158-165.

ROSENBERG D M, DANKS H V, LEHMKUHL D M, 1986. Importance of insects in environmental impact assessment [J]. Environmental Management, 10(6): 773-783.

RUAN W, TAN X, LUO X, et al, 2014. Organophosphorus flame retardants in surface sediments from Dongjiang River [J]. China Environmental Science, 34(9): 2394-2400.

RUSSELL R W, GOBAS F A P C, HAFFNER G D, 1999. Maternal transfer and in ovo exposure of organochlorines in oviparous organisms: a model and field verification[J]. Environmental Science & Technology, 33(3):

416-420.

RUUS A, UGLAND K I, SKAARE J U, 2002. Influence of trophic position on organochlorine concentrations and compositional patterns in a marine food web [J]. Environmental Toxicology and Chemistry, 21 (11): 2356-2364.

SAEGER V W, HICKS O, KALEY R G, et al, 1979. Environmental fate of selected phosphate esters [J]. Environmental Science & Technology, 13 (7): 840-844.

SALA B, GIMÉNEZ J, DE STEPHANIS R, et al, 2019. First determination of high levels of organophosphorus flame retardants and plasticizers in dolphins from Southern European waters [J]. Environmental Research, 172: 289-295.

SANTÍN G, ELJARRAT E, BARCELÓ D, 2016. Simultaneous determination of 16 organophosphorus flame retardants and plasticizers in fish by liquid chromatography-tandem mass spectrometry [J]. Journal of Chromatography A, 1441: 34-43.

SASAKI K, SUZUKI T, TAKEDA M, et al, 1984. Metabolism of phosphoric acid triesters by rat liver homogenate [J]. Bulletin of Environmental Contamination and Toxicology, 33(3): 281-288.

SASAKI K, TAKEDA M, UCHIYAMA M, 1981. Toxicity, absorption and elimination of phosphoric acid triesters by killifish and goldfish [J]. Bulletin of Environmental Contamination and Toxicology, 27 (6): 775-782.

SCHINDLER B K, FÖRSTER K, ANGERER J, 2009a. Determination of human urinary organophosphate flame retardant metabolites by solid-phase extraction and gas chromatography-tandem mass spectrometry [J]. Journal of Chromatography B, Analytical Technologies in the Biomedical and Life Sciences, 877(4): 375-381.

SCHINDLER B K, FÖRSTER K, ANGERER J, 2009b. Quantification of two urinary metabolites of organophosphorus flame retardants by solid-phase extraction and gas chromatography-tandem mass spectrometry[J]. Analytical and Bioanalytical Chemistry,395(4):1167-1171.

SCHREDER E D,LA GUARDIA M J,2014. Flame retardant transfers from U. S. households (dust and laundry wastewater) to the aquatic environment [J]. Environmental Science & Technology, 48 (19): 11575-11583.

SCHWAIGER J,SPIESER O H,BAUER C,et al,2000. Chronic toxicity of nonylphenol and ethinylestradiol: haematological and histopathological effects in juvenile common carp (cyprinus carpio) [J]. Aquatic Toxicology,51(1):69-78.

SCHWARZENBACH R P, GSCHWEND P M, IMBODEN D M, 2003. Environmental organic chemistry[M]. Hoboken:Wiley.

SÜHRING R,FREESE M,SCHNEIDER M,et al,2015. Maternal transfer of emerging brominated and chlorinated flame retardants in European eels [J]. Science of the Total Environment,530:209-218.

SINGER M S, STIREMAN J O, 2005. The tri-trophic niche concept and adaptive radiation of phytophagous insects[J]. Ecology Letters,8(12): 1247-1255.

SMALLING K L, REEVES R, MUTHS E, et al, 2015. Pesticide concentrations in frog tissue and wetland habitats in a landscape dominated by agriculture[J]. Science of the Total Environment, 502: 80-90.

SONG Q B,LI J H,2014. A systematic review of the human body burden of e-waste exposure in China[J]. Environment International,68:82-93.

SPARLING D W,LINDER G,BISHOP C A,et al,2010. Ecotoxicology of amphibians and reptiles[M]. Boca Raton:CRC Press.

STAAF T, OSTMAN C, 2005a. Indoor air sampling of organophosphate triesters using solid phase extraction (SPE) adsorbents[J]. Journal of Environmental Monitoring,7(4):344-348.

STAAF T, OSTMANC, 2005b. Organophosphate triesters in indoor environments[J]. Journal of Environmental Monitoring,7(9):883-887.

STACKELBERG P E,GIBS J,FURLONG E T,et al,2007. Efficiency of conventional drinking-water-treatment processes in removal of pharmaceuticals and other organic compounds[J]. Science of the Total Environment,377(2/3):255-272.

SU G Y,CRUMP D,LETCHER R J,et al,2014a. Rapid in vitro metabolism of the flame retardant triphenyl phosphate and effects on cytotoxicity and mRNA expression in chicken embryonic hepatocytes[J]. Environmental Science & Technology,48(22):13511-13519.

SU G Y, GREAVES A K, GAUTHIER L, et al, 2014b. Liquid chromatography-electrospray-tandem mass spectrometry method for determination of organophosphate diesters in biotic samples including Great Lakes herring gull plasma[J]. Journal of Chromatography A,1374:85-92.

SU G Y,LETCHER R J,CRUMP D,et al,2015. In vitro metabolism of the flame retardant triphenyl phosphate in chicken embryonic hepatocytes and the importance of the hydroxylation pathway[J]. Environmental Science & Technology Letters,2(4):100-104.

SUNDKVIST A M, OLOFSSON U, HAGLUND P, 2010. Organophosphorus flame retardants and plasticizers in marine and fresh water biota and in human milk[J]. Journal of Environmental Monitoring,12(4):943-951.

SUN R X,LUO X J,TANG B,et al,2017a. Bioaccumulation of short chain chlorinated paraffins in a typical freshwater food web contaminated by e-waste in South China: bioaccumulation factors, tissue distribution, and trophic transfer[J]. Environmental Pollution,222:165-174.

SUN R X, LUO X J, TANG B, et al, 2016a. Persistent halogenated compounds in fish from rivers in the Pearl River Delta, South China: geographical pattern and implications for anthropogenic effects on the environment[J]. Environmental Research,146:371-378.

SUN R X, LUO X J, TANG B, et al, 2016b. Short-chain chlorinated paraffins in marine organisms from the Pearl River Estuary in South China: residue levels and interspecies differences[J]. Science of the Total Environment, 553: 196-203.

SUN R X, PAN C G, LI Q X, et al, 2020. Occurrence and congener profiles of polybrominated diphenyl ethers in green mussels (Perna viridis) collected from northern South China Sea and the associated potential health risk[J]. Science of the Total Environment, 698: 134276.

SUN Y X, HAO Q, XU X R, et al, 2014. Persistent organic pollutants in marine fish from Yongxing Island, South China Sea: levels, composition profiles and human dietary exposure assessment[J]. Chemosphere, 98: 84-90.

SUN Y X, HU Y X, ZHANG Z W, et al, 2017b. Halogenated organic pollutants in marine biota from the Xuande Atoll, South China Sea: levels, biomagnification and dietary exposure [J]. Marine Pollution Bulletin, 118(1/2): 413-419.

SUZUKI T, SASAKI K, TAKEDA M, et al, 1984. Metabolism of tributyl phosphate in male rats[J]. Journal of Agricultural and Food Chemistry, 32(3): 603-610.

TAJIMA S, ARAKI A, KAWAI T, et al, 2014. Detection and intake assessment of organophosphate flame retardants in house dust in Japanese dwellings[J]. Science of the Total Environment, 478: 190-199.

TAKIMOTO K, HIRAKAWA T, ITO K, et al, 1999. Source and transport of tricresyl phosphate (TCP) isomers in Kurose river basin [J]. Atmospheric Environment, 33(19): 3191-3200.

TANG B, CHRISTIA C, MALARVANNAN G, et al, 2020. Legacy and emerging organophosphorus flame retardants and plasticizers in indoor microenvironments from Guangzhou, South China [J]. Environment International, 143: 105972.

TANG B, POMA G, BASTIAENSEN M, et al, 2019. Bioconcentration and biotransformation of organophosphorus flame retardants (PFRs) in common carp (Cyprinus carpio) [J]. Environment International, 126: 512-522.

TAN H L, PENG C F, GUO Y, et al, 2017. Organophosphate flame retardants in house dust from South China and related human exposure risks[J]. Bulletin of Environmental Contamination and Toxicology, 99 (3):344-349.

TAN X X, LUO X J, ZHENG X B, et al, 2016. Distribution of organophosphorus flame retardants in sediments from the Pearl River Delta in South China[J]. Science of the Total Environment, 544:77-84.

TAO Y, SHANG Y Z, LI J, et al, 2018. Exposure to organophosphate flame retardants of hotel room attendants in Wuhan City, China [J]. Environmental Pollution, 236:626-633.

TEO T L L, MCDONALD J A, COLEMAN H M, et al, 2015. Analysis of organophosphate flame retardants and plasticisers in water by isotope dilution gas chromatography-electron ionisation tandem mass spectrometry[J]. Talanta, 143:114-120.

TOLLBÄCK J, TAMBURRO D, CRESCENZI C, et al, 2006. Air sampling with Empore solid phase extraction membranes and online single-channel desorption/liquid chromatography/mass spectrometry analysis: determination of volatile and semi-volatile organophosphate esters[J]. Journal of Chromatography A, 1129(1):1-8.

TOMY G T, PLESKACH K, FERGUSON S H, et al, 2009. Trophodynamics of some PFCs and BFRs in a western Canadian Arctic marine food web[J]. Environmental Science & Technology, 43(11):4076-4081.

TRUMAN J W, RIDDIFORD L M, 1999. The origins of insect metamorphosis[J]. Nature, 401(6752):447-452.

VAN AEL E, COVACI A, DAS K, et al, 2013. Factors influencing the bioaccumulation of persistent organic pollutants in food webs of the scheldt estuary[J]. Environmental Science & Technology, 47 (19): 11221-11231.

VAN DEN EEDE N, DIRTU A C, NEELS H, et al, 2011. Analytical developments and preliminary assessment of human exposure to organophosphate flame retardants from indoor dust[J]. Environment International,37(2):454-461.

VAN DEN EEDE N,ERRATICO C,EXARCHOU V,et al,2015. In vitro biotransformation of tris(2-butoxyethyl) phosphate (TBOEP) in human liver and serum[J]. Toxicology and Applied Pharmacology, 284 (2): 246-253.

VAN DEN EEDE N,MAHO W,ERRATICO C,et al,2013. First insights in the metabolism of phosphate flame retardants and plasticizers using human liver fractions[J]. Toxicology Letters,223(1):9-15.

VAN DER VEEN I, DE BOER J, 2012. Phosphorus flame retardants: properties, production, environmental occurrence, toxicity and analysis [J]. Chemosphere,88(10):1119-1153.

WANG A Z, HU X, WAN Y J, et al, 2020a. A nationwide study of the occurrence and distribution of atrazine and its degradates in tap water and groundwater in China: assessment of human exposure potential[J]. Chemosphere,252:126533.

WANG G W, DU Z K, CHEN H Y, et al, 2016. Tissue-specific accumulation, depuration, and transformation of triphenyl phosphate (TPHP) in adult zebrafish (danio rerio)[J]. Environmental Science & Technology,50(24):13555-13564.

WANG G W,SHI H H,DU Z K,et al,2017a. Bioaccumulation mechanism of organophosphate esters in adult zebrafish (Danio rerio) [J]. Environmental Pollution,229:177-187.

WANG R M, TANG J H, XIE Z Y, et al, 2015. Occurrence and spatial distribution of organophosphate ester flame retardants and plasticizers in 40 rivers draining into the Bohai Sea, North China[J]. Environmental

Pollution,198:172-178.

WANG X L, ZHONG W J, XIAO B W, et al, 2019. Bioavailability and biomagnification of organophosphate esters in the food web of Taihu Lake, China: impacts of chemical properties and metabolism [J]. Environment International,125:25-32.

WANG X,ZHU Q Q,YAN X T,et al,2020b. A review of organophosphate flame retardants and plasticizers in the environment: analysis, occurrence and risk assessment[J]. Science of the Total Environment,731:139071.

WANG Y, KANNAN K, 2018. Concentrations and dietary exposure to organophosphate esters in foodstuffs from Albany, New York, United States [J]. Journal of Agricultural and Food Chemistry, 66 (51): 13525-13532.

WANG Y,WU X W,ZHANG Q N,et al,2017b. Organophosphate esters in sediment cores from coastal Laizhou Bay of the Bohai Sea, China[J]. Science of the Total Environment,607:103-108.

WEI G L, LI D Q, ZHUO M N, et al, 2015. Organophosphorus flame retardants and plasticizers: sources, occurrence, toxicity and human exposure[J]. Environmental Pollution,196:29-46.

WHO,1998a. EHC 209: flame retardants: tris-(chloropropyl) phosphate and tris-(2- chloroethyl) phosphate[R]. Geneva: World Health Organization.

WHO,1998b. Flame retardants: tris(chloropropyl) phosphate and tris(2-chloropropyl) phosphate: environmental health criteria 209[R]. Geneva: World Health Organization.

WHO,1991. Environmental health criteria 112[R]. Geneva: World Health Organization.

WHO, 2000. Flame retardants: tris (2-butoxyethyl) phosphate, tris (2-ethylhexyl) phosphate and tetrakis(hydroxymethyl) phosphonium salts: environmental health criteria 218 [R]. Geneva: World Health Organization.

WHO, 1990. Tricresyl phosphate: environmental health criteria 110[R].

Geneva: World Health Organization.

WU J P, LUO X J, ZHANG Y, et al, 2009a. Biomagnification of polybrominated diphenyl ethers (PBDEs) and polychlorinated biphenyls in a highly contaminated freshwater food web from South China[J]. Environmental Pollution, 157(3): 904-909.

WU J P, LUO X J, ZHANG Y, et al, 2009b. Residues of polybrominated diphenyl ethers in frogs (Rana limnocharis) from a contaminated site, South China: tissue distribution, biomagnification, and maternal transfer [J]. Environmental Science & Technology, 43(14): 5212-5217.

WU J P, ZHANG Y, LUO X J, et al, 2010. Isomer-specific bioaccumulation and trophic transfer of Dechlorane Plus in the freshwater food web from a highly contaminated site, South China [J]. Environmental Science & Technology, 44(2): 606-611.

WU Z J, LIU J P, PENG Y, 2017. QuEChERS purification prior to stable isotope dilution-ultra-high performance liquid chromatography tandem mass spectrometry to determine organophosphate esters of trace amounts in dairy products[J]. Analytical Methods, 9(15): 2290-2298.

XING L Q, TAO M, ZHANG Q, et al, 2020. Occurrence, spatial distribution and risk assessment of organophosphate esters in surface water from the Lower Yangtze River Basin [J]. Science of the Total Environment, 734: 139380.

XU F C, GARCÍA-BERMEJO Á, MALARVANNAN G, et al, 2015. Multi-contaminant analysis of organophosphate and halogenated flame retardants in food matrices using ultrasonication and vacuum assisted extraction, multi-stage cleanup and gas chromatography-mass spectrometry[J]. Journal of Chromatography A, 1401: 33-41.

XU F C, TAY J H, COVACI A, et al, 2017. Assessment of dietary exposure to organohalogen contaminants, legacy and emerging flame retardants in a Norwegian cohort[J]. Environment International, 102: 236-243.

YANG F X, DING J J, HUANG W, et al, 2014. Particle size-specific distributions and preliminary exposure assessments of organophosphate flame retardants in office air particulate matter[J]. Environmental Science & Technology,48(1):63-70.

Yang S Q,Jin L L,Wang Q Y,2004. Analysis and determination for several main components in the oviduct of Rana chensinensis[J]. Journal of Liaoning University:Natural Science Edition,31:188-190.

ZACS D, PERKONS I, PASECNAJA E, et al, 2021. Polychlorinated naphthalenes (PCNs) in food products in Latvia: congener-specific analysis,occurrence,and dietary exposure of the general population[J]. Chemosphere,264:128460.

ZAROOGIAN G, GARDNER G, BORSAY HOROWITZ D, et al, 2001. Effect of 17β-estradiol,o,p'-DDT,octylphenol and p,p'-DDE on gonadal development and liver and kidney pathology in juvenile male summer flounder (Paralichthys dentatus)[J]. Aquatic Toxicology, 54 (1/2): 101-112.

ZENG L X, WANG T, WANG P, et al, 2011. Distribution and trophic transfer of short-chain chlorinated paraffins in an aquatic ecosystem receiving effluents from a sewage treatment plant[J]. Environmental Science & Technology,45(13):5529-5535.

ZENG Y H,HUANG C C,LUO X J,et al,2018. Polychlorinated biphenyls and chlorinated paraffins in home-produced eggs from an e-waste polluted area in South China: occurrence and human dietary exposure[J]. Environment International,116:52-59.

ZHANG K, WAN Y, GIESY J P, et al, 2010. Tissue concentrations of polybrominated compounds in Chinese sturgeon (Acipenser sinensis): origin,hepatic sequestration, and maternal transfer[J]. Environmental Science & Technology,44(15):5781-5786.

ZHANG R J,YU K F,LI A,et al,2020a. Occurrence,phase distribution, and bioaccumulation of organophosphate esters (OPEs) in mariculture farms of the Beibu Gulf,China:a health risk assessment through seafood consumption[J]. Environmental Pollution,263:114426.

ZHANG X M, GANDHI N, BHAVSAR S P, 2016. Persistent organohalogens in paired fish fillet and eggs: implications for fish consumption advisories[J]. Journal of Agricultural and Food Chemistry, 64(14):2832-2840.

ZHANG Y, ZHENG X B, WEI L F, et al, 2018. The distribution and accumulation of phosphate flame retardants (PFRs) in water environment [J]. Science of the Total Environment,630:164-170.

ZHANG Z W, TONG X, XING Y, et al, 2020b. Polybrominated diphenyl ethers, decabromodiphenyl ethane and dechlorane plus in aquatic products from the Yellow River Delta, China [J]. Marine Pollution Bulletin, 161:111733.

ZHAO H Q, ZHAO F R, LIU J X, et al, 2018. Trophic transfer of organophosphorus flame retardants in a lake food web[J]. Environmental Pollution,242:1887-1893.

ZHENG G M, MILLER P, VON HIPPEL F A, et al, 2020. Legacy and emerging semi-volatile organic compounds in sentinel fish from an Arctic formerly used defense site in Alaska [J]. Environmental Pollution, 259:113872.

ZHENG J, HE C T, CHEN S J, et al, 2017a. Disruption of thyroid hormone (TH) levels and TH-regulated gene expression by polybrominated diphenyl ethers (PBDEs), polychlorinated biphenyls (PCBs), and hydroxylated PCBs in e-waste recycling workers [J]. Environment International, 102:138-144.

ZHENG X B, LUO X J, ZENG Y H, et al, 2014. Halogenated flame retardants during egg formation and chicken embryo development: maternal transfer, possible biotransformation, and tissue distribution[J]. Environmental Toxicology and Chemistry, 33(8):1712-1719.

ZHENG X B, QIAO L, COVACI A, et al, 2017b. Brominated and phosphate flame retardants (FRs) in indoor dust from different microenvironments:

implications for human exposure via dust ingestion and dermal contact [J]. Chemosphere, 184: 185-191.

ZHENG X B, XU F C, CHEN K H, et al, 2015. Flame retardants and organochlorines in indoor dust from several e-waste recycling sites in South China: composition variations and implications for human exposure [J]. Environment International, 78: 1-7.

ZHENG X B, XU F C, LUO X J, et al, 2016. Phosphate flame retardants and novel brominated flame retardants in home-produced eggs from an e-waste recycling region in China[J]. Chemosphere, 150: 545-550.